Foundations of Systems Biology

Cell Illustrator와
패스웨이 데이터 베이스를 통해 배우는

시스템 생물학의 기초

도진환 · 정은아 공역

Masao Nagasaki · Ayumu Saito · Atsushi Doi
Hiroshi Matsuno · Satoru Miyano 공저

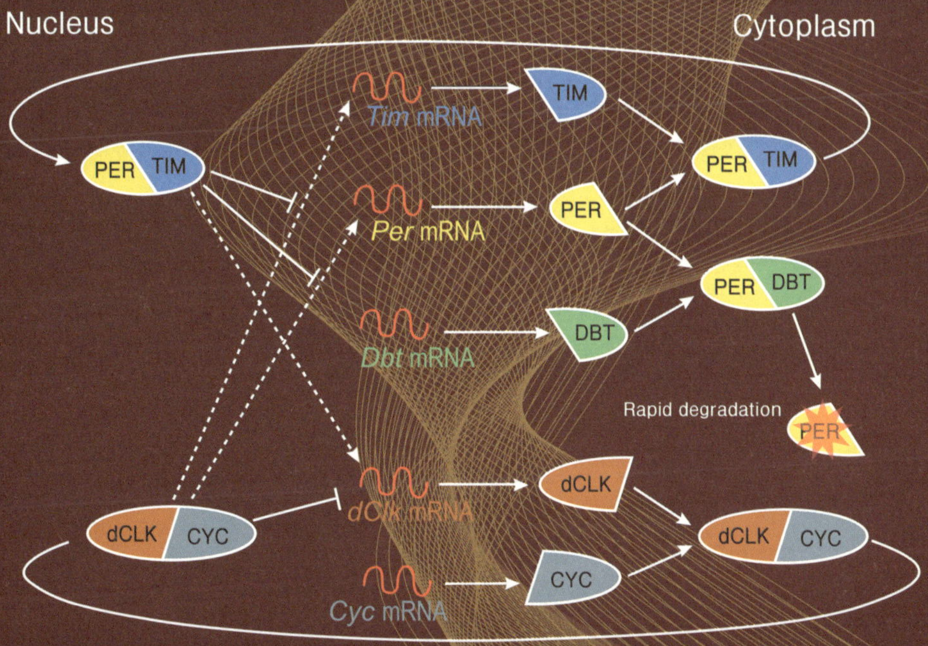

도서출판 아진
A-JIN
共立出版
CD-ROM

システム生物学がわかる

セルイラストレータを使ってみよう

土井 淳・長崎正朗・斉藤あゆむ・松野浩嗣・宮野 悟

"내가 가는 길을 그가 아시나니 그가 나를 단련하신 후에는 내가 순금 같이 되어 나오리라 (욥23 : 10)"

Original Japanese edition
システム生物学がわかる
Edited by 共立出版
Written by 土井 淳・長崎正朗・斉藤あゆむ・松野浩嗣・宮野 悟

서　문

시스템 생물학은 생명 현상을 시스템으로 이해하고자 하는 포스트게놈 시대에 태동한 생물학 분야로서 다소 생소한 느낌을 가지는 독자가 있을 수 있다. 본서는 시스템 생물학 분야 중에서도 컴퓨터를 사용하여 세포 내에서 일어나고 있는 신호 전달 경로, 유전자 억제 네트워크, 대사 경로 등을 효율적으로 나타내는 방법에 대한 좋은 지침서가 될 것이다.

시스템 생물학에 대한 정의는 다양하다. 시스템 생물학이라는 제목을 가진 책이나 논문들에서 "robustness analysis", "stochastic differential equation", "bifurcation analysis"라는 용어들을 접하면서 이들과 생물학과의 관계에 대해서나 세포 내 반응을 일련의 미분 방정식들로 복잡하게 기술된 것을 보면서 시스템 생물학이 도대체 무엇인지 알고 싶어 하는 독자들에게 본서는 시스템 생물학의 좋은 안내자 역할을 할 것이다.

생명체는 단백질과 같은 많은 분자로 이루어져 있으며, 그런 분자들은 서로 상호작용을 하고 있다. 이러한 생명체를 시스템으로 이해하기 위한 방법 중 한 가지는 생명체와 동일한 원리로 작동하는 시스템을 컴퓨터를 사용하여 만든 다음 분석하는 방법이다. 시스템 생물학이 주목을 받게 된 배경은 박테리아에서부터 인간에 이르기까지 생물체의 게놈 및 생물학적 데이터의 엄청난 축적 때문이다. 즉, 시스템 생물학은 부분적으로 잘 규명된 생물학적 정보를 바탕으로 생명체가 어떻게 각 부분들의 정보를 이용하는지, 각 부분들 간에 어떤 상호작용이 있는지 파악하여 고도의 복잡성을 지닌 생명 시스템을 이해하고자 한다.

한편, 전자 회로나 기계 등 인공으로 만들어진 시스템은 부품이 준비되어 있고, 설계도가 있으면 몇 번이든 재구성할 수 있다. 왜냐하면, 그 시스템은 처음부터 알려져 있기 때문이다. 하지만, 생물체는 자연과 진화로 만들어진 것이므로 이것을 구성하는 부품의 기본 성질을 파악하고 시스템으로서 어떻게 작동하는지 이해하는 것 사이에는 큰 격차가 존재한다. 이 격차를 좁히기 위해 필요한 기술이 모델링과 시뮬레이션이다. 이 시스템을 이해하기 위해서는 수리적인 방법으로 생명 시스템을 모델링하고 그것을 실행시키기 위해서는 컴퓨터에 입력할 필요가 있다. 여러 가지 모양의 원과 화살표 및 주석을 가진 복잡한 설계도와는 다른 차원의 무엇이 필요하다. 본서에서는 생물학적 패스웨이의 모델링과 시뮬레이션을 위한 소프트웨어로서 활약하는 Cell Illustrator를 소개한다.

본서를 읽어가면서 함께 첨부된 CD-ROM에 수록된 Cell Illustrator라고 하는 소프트웨어의 간이판을 이용해서 학습해 간다면 상당히 복잡한 패스웨이의 모델을 작성하고 시뮬레이션할 수 있는 능력이 생길 것이다. 미분방정식이나 프로그래밍 등을 완전하게 알아 둘 필요는 없다. 필요한 것은 생물학에 대한 흥미, 휴대 전화나 그에 상응하는 것을 조작할 수 있는 정도의 능력, 그리고 보통의 중학생 수학 혹은 그보다 좀 높은 수준의 수학 능력이다.

Cell Illustrator를 사용해 가면서 본서를 읽고 연습 문제 - 해답이 포함된 - 를 풀어간다면 이것이 얼마나 쉬운 것인지를 알아 갈 것이다. 비록 어려운 수학도 프로그래밍도 필요하지 않지만, 패스웨이를 그리기 위해서는 미적 감각이 필요하다고 생각할지도 모른다. 더불어 Cell Illustrator를 사용하여 패스웨이를 그리는 것만으로도 패스웨이에 관한 지식이 잘 습득되어 성취감을 느낄 것이다. 책 중간에 나오는 Column 부분은 부록에 해당하므로 읽지 않고 넘어가도 관계없다.

이 책은 학부 과정의 한 학기 혹은 대학원 과정의 일부로 사용되도록 구성되었다. 제1장은 최소로 필요한 생물학적 지식을 다루고 제2와 3장은 몇몇 중요한 패스웨이 데이터베이스 및 소프트웨어를 소개하고 이들과 관련된 개념을 설명한다. 제4장은 Cell Illustrator를 사용하여 패스웨이 모델링을 실습하기 위해 필요한 구체적인 단계와 요소들을 다룬다. 독자들은 생물학적 엔티티와 프로세스를 표현하는 그림들이 패스웨이의 요소를 이해하는 데 도움이 된다는 것을 알게 될 것이다. 제5장은 연습 문제를 통해 한 단계 한 단계 밟아가며 세 가지 종류의 패스웨이를 모델링할 것이다. 제6장에서는 시스템 생물학에서 요구되는 계산 기능에 관하여 논한다. 이 책은 Kyoritsu Shuppan Co., Ltd.에서 출판된 일어판의 영어 번역이다. 이 책에서는 소프트웨어와 데이터베이스 최신 버전의 자료가 추가되었으며, 제6장은 새 주제가 추가되었다.

우리는 많은 사람들에게 감사하고자 한다. 우선 누구보다 먼저 Cell System Markup Language Project의 구성원인 동경 대학 인간게놈센터의 Emi Ikeda, Euna Jeong, Kaname Kojima, Chen Li, Hiroko Nishihata, Kazuyuki Numata, Yayoi Sekiya, Yoshinori Tamada, Kazuko Ueno와 야마구치 대학의 Kanji Hioka, Yuto Ikegami, Hironori Kitakaze, Yoshimasa Miwa, Daichi Saihara, Tomoaki Yamamotoya에게 감사를 하고 싶다.

특별히 이 책의 머리말을 쓴 Andreas Dress에게 감사를 표한다. BIOBASE의 Holger Karas와 Edgar Wingender, Springer U.K의 Wayne Wheeler, Kyoritsu Shuppan Co., Ltd.의 Koichi Nobusawa와 Yumiko Kita는 영어판의 출판을 격려해 주었다. 또 영어판의 번역에 도움을 준 UCSC의 Jocelyne Bruand와 하버드 대학의 Tatsunori Hashimoto, 그리고 Cell

Illustrator 개발에 아낌없는 조언을 해준 Seiya Imoto, Rui Yamaguchi, Teppei Shimamura, André Fujita, Yosuke Hatanaka, Eric Perrier, Jin Hwan Do, Takashi Yamamoto에게 감사하고 싶다.

Tokyo,
June 2008

Masao Nagasaki
Ayumu Saito
Atsushi Doi
Hiroshi Matsuno
Satoru Miyano

역자 서문

시스템 생물학은 포스트게놈 시대에 태동한 생물학 분야로서 생명체 혹은 세포의 활동을 단백질을 비롯한 다양한 구성 요소들의 상호작용으로 이루어진 하나의 복잡한 시스템으로 해석하고자 하는 학문이다. 최근 high-throughput 기술에 의해 생성되는 대용량 생물 데이터는 시스템 생물학의 발전에 박차를 가하고 있다. 독일의 천문학자 케플러가 방대한 천체 관측자료를 세밀히 분석하여 행성운동에 대한 물리학 법칙을 발견한 것과 같이 시스템 생물학자들은 방대한 생물 데이터의 분석 및 모델링을 통해 세포 시스템을 지배하는 법칙을 발견하고자 한다. 이러한 법칙의 발견은 생명 현상에 대한 새로운 이해를 가져올 것이며, 생명 자원의 효율적 이용 및 질병 치료 등 다양한 분야에 응용될 수 있다.

역자들은 생명공학/생물정보학/전산학에 관련된 연구와 대학 강의를 수행하면서 시스템 생물학에 대한 마땅한 교재의 필요성을 절감하게 되었다. 특히, 수학이나 프로그램에 대한 전문적인 지식이 없이도 시스템 생물학을 손쉽게 이해할 수 있는 교재의 발간에 고심하던 역자들에게 일본 동경대 미야노 교수님과의 만남은 본 역서를 출간하는데 결정적인 역할을 하였다. 미야노 교수님은 시스템 생물학의 개념을 생명공학/컴퓨터공학/전자

공학 전공의 대학생은 물론 비전공의 일반인들도 손쉽게 이해할 수 있도록 "システム生物学がわかる!" (公立出版, 2007)을 출판하였으며, 2009년에 영어으로 번역되었다 ("Foundations of Systems Biological Using Cell Illustrator and Pathway Databases" (Springer, 2009)). 본서는 영어 번역본을 중심 번역하되 좀 더 쉬운 개념의 전달을 위해 원서(일어본)도 참조 하였다. 본서에서 소개되는 Cell Illustrator는 패스웨이를 비롯한 유전자 네트워크, 대사 경로 등 시스템 생물학에서 수행되는 다양한 모델링 및 시뮬레이션을 하나의 platform에서 손쉽게 수행할 수 있을 뿐만 아니라 배우기도 쉽다. 따라서, 시스템 생물학을 공부하고자 하는 생물학, 컴퓨학, 수학 등을 비롯한 여러 분야의 학생이나 연구자에게 좋은 기초 서적이 될 수 있을 것으로 생각된다.

끝으로 Cell Illustrator에 대해 아낌없는 조언을 해준 Masao Nagasaki와 Ayumu Saito 그리고 출판을 흔쾌히 지원해 주신 아진출판사 김근배 사장님께 감사를 드린다.

2010년 6월

도진환, 정은아

저자 추천

Cell Illustrator와 시스템 생물학에 관한 우리의 졸저가 한국에서 번역출판되어 대단히 영광으로 생각한다. Cell Illustrator는 우리가 10년의 세월에 걸쳐 개발한 것으로 본서는 이것을 도구로 사용하여 수학과 컴퓨터 과학의 지식을 가정하지 않고 시스템 생물학을 시작하는 것이 가능하도록 한다. 그리고 컴퓨터에 따른 시뮬레이션과 추론에 따라 생명 시스템을 이해하는 것이 가능하도록 해준다. 본서를 번역한 정은아 박사는 본서에 소개된 Cell System Ontology를 개발했으며, 도진환 박사는 Cell Illustrator를 사용하여 생명 시스템에 흥미있는 연구를 전개해 오고 있다. 이 자리를 빌려 두 사람에게 깊이 감사하는 바이다.

2010년 6월 10일

동경대 교수 宮野 悟 (미야노 사토루)

목 차

제 1 장

서 론

시스템 생물학의 기본 목적은 "생명을 시스템으로 이해"하자는 것이다. 이 말은 도대체 무엇을 의미하는가? 신호 전달 경로, 유전자 네트워크, 대사 경로를 컴퓨터를 사용하여 무엇을 할 수 있단 말인가? 본서는 이러한 의문을 느끼는 사람들을 위한 책이다. 이 책의 이해를 위해서 미분 방정식이나 프로그래밍 등의 사전 지식은 전혀 요구되지 않는다. Cell Illustrator를 사용하면서 이 책을 읽어 간다면 복잡한 생명 시스템을 모델링하고 시뮬레이션하는 것이 가능해질 것이다. 이 장에서는 그러한 생명 시스템을 구성하는 패스웨이에 관하여 간단하게 설명하고자 한다.

1.1 세포 내에서 일어나는 일

세포 내에서는 실제 여러 가지 일들이 일어나고 있다. 특정한 기능을 가진 다양한 분자들이 여러 가지 역할을 하고 있다. 세포 내에서는 세포의 생존과 증식을 위해 필요한 에너지와 단백질을 만들기도 한다. 세포 표면에는 많은 분자가 주변 환경으로부터 자극을 받아들이고 있다. 이것은 한마디로 다양한 전문성을 가진 사람들이 일하는 인간 사회와도 같다. 다른 세포의 정보 (신호)를 전하는 단백질도 있고, 그 정보를 받아들이는 단백질도 있다. 세포 내에서 필요한 에너지를 생산하는 역할을 하는 것도 있으며, 어떤 분자가 다른 분자로 변화하는 (대사하는) 것을 돕는 것도 있다.

1.1.1 전사, 번역, 유전자 제어에 관하여

여러 가지 단백질의 상호작용에 따라 일어나는 세포의 기능은 단백질이 유전자의 정보를 기본으로 하여 합성되는 것으로부터 시작한다. 우선, 세포의 핵 내에 DNA로 코드화되어 보존된 유전정보는 메신저 RNA (mRNA)를 만드는 전사라는 과정을 거친다. 이어서 리보솜은 mRNA를 단백질로 번역한다. 이렇게 생성된 단백질은 다양한 기능을 가진다. 그 중에서 어떤 종류의 단백질은 세포질에서 합성되고 나서 핵 내로 이동하여, DNA의 특정 부위와 결합함으로써 다른 유전자의 발현을 제어한다. 이때 제어는 촉진 혹은 억제로 나타난다. 촉진일 때 제어된 유전자는 더욱더 많이 발현되고, 억제일 때 제어된 유전자는 발현이 멈추기도 한다. 이처럼 모든 유전자가 언제든지 발현될 필요는 없다. 같은 사람이라 하더라도 세포의 종류에 따라 유전자 발현 양식이 다른 세포가 존재한다. 게다가 최근에는 마이크로 RNA (miRNA)라는 RNA가 이러한 제어에 깊게 관여하고 있다는 사실이 알려졌다.

COLUMN 1

Small RNA

세포 내에서 기능을 담당하는 분자는 단백질이 대부분을 차지한다고 일반적으로 알려졌다. 반복되는 것이지만, 흔히 말하는 분자 생물학의 센트랄 도그마에 따르면, DNA로부터 메신저 RNA (mRNA)로의 전사와 mRNA에서 단백질로의 번역이라는 일련의 과정에 의해 단백질은 만들어진다. 하지만, 전사된 RNA 일부는 mRNA와 달리 그 기능이 알려지지 않았다. 이런 종류의 RNA는 쓸모없는 것으로 오랫동안 여겨져 왔으며 관심의 대상이 되지 못했다.

그러나 1993년에 단백질로 번역되지 않은 RNA가 특이한 유전자의 발현을 억제하고 있다는 것이 발견되었다. 21세기에 들어서는 비슷한 현상이 다른 생물체에서도 일어난다는 것이 확실해져, 이러한 RNA를 특별히 micro RNA (miRNA)라고 부르게 되었다. miRNA의 크기는 20~25개의 염기로 구성된 것으로 굉장히 짧다. miRNA는 mRNA처럼 세포질로 이동하기보다는, 단백질과 복합체가 되어, 자신과 부분적으로 상보적인 mRNA와 결합하여, 이 mRNA의 번역을 방해한다. 즉, 최근에 발견된 miRNA는 단백질로 번역되는 것을 억제하는 능력을 갖춘 분자의 일종이다. 식물의 경우, 비슷한 RNA인 short interfering RNA (siRNA)가 바이러스 RNA의 전사를 억제하는 예도 발견되고 있다. 이제야 RNA, 그것도 작은 RNA의 존재가 재인식되고 있다. 사실 지구 상에서 최초의 기능 분자는 RNA와 같은 핵산이라고 알려졌다. 핵산은 동시에 정보를 실어 나르므로, 생명체의 근원이라고 해도 될 듯싶다. 충분히 진화한 생명체는 생존에 불필요한 구조를 억지로 유지하는 일은 없다. 유지에는 비용이 들므로 세포 속에서 일어나는 일들은 다른 무엇과의 관계가 있기 때문에 존재하는 것이다.
결론적으로 말하자면, 생물학적 네트워크는 복잡하며 단백질 이외의 많은 기능 분자도 존재함을 잊어서는 안될 것이다.

1.1.2 신호 전달과 단백질

한편, 어떤 단백질은 세포 내에서 합성되고 나서, 세포 밖으로 분비되어 다른 세포에 명령을 전달하는 신호 단백질의 역할을 하기도 한다. 신호가 되어 분비된 단백질을 리간드라고 하며 그 신호를 받아들이는 단백질을 수용체 (receptor)라고 부른다. 리간드와 수용체의 3차 구조는 열쇠와 자물쇠에 비유되듯이 서로 상보적이다. 그러므로 특정 리간드는 그 형태에 합치하는 특정 수용체와 결합한다. 수용체는 리간드를 받아들임으로써 활성화하여 또 다른 단백질로 신호를 전달한다. 활성화된 단백질은 이어서 다른 단백질을 활성화한다. 신호를 전달하는 분자들의 네트워크를 신호 전달 경로라고 한다. 이러한 신호가 핵에 전달되어, 전술한 것처럼 유전자의 발현을 제어하는 일도 있다.

1.1.3 대사와 유전자

세포는 다양한 화학반응을 통해 필요한 에너지 (ATP)나 아미노산, 당류를 대사한다. 예를 들면, 에탄올은 아세트알데하이드로 대사하며, 이어서 아세트알데하이드는 초산으로 대사한다. 또 대사 반응에는 그 반응을 촉매하기 위해 효소가 필요하다. 이러한 효소도 또한 유전자 정보를 근본으로 하여 합성되는 것이다.

1.2 세포 내의 반응과 패스웨이

대사 경로는 수만 개의 반응으로 이루어지는 네트워크이다. 신호 전달 경로나 유전자 조절 네트워크도 마찬가지이다. 우리는 이 네트워크를 패스웨이라고 부른다. 보통 패스웨이는 유전자나 대사 산물을 화살표로 결합시켜 네트워크 그림으로 표현하고 있다.

그림 1.1은 유전자 제어 관계의 예이다. *MDM2* 유전자가 *p53* 유전자의 작용을 억제하고 있으며, *p53* 유전자는 *Bax* 유전자의 발현을 활성화하고 있음을 표현하고 있다. 유전자의 이름과 유전자의 이름을 연결해 주는 화살표는 유전자 사이의 다양한 관계를 보여준다.

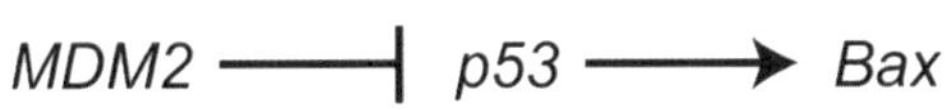

그림 1.1

그림 1.2는 신호 전달 경로의 예이다. FasL 리간드는 apoptosis (아팝토시스, 프로그램된 세포 자살)의 신호를 전달한다. Fas 수용체는 FasL과 결합함으로써 FasL의 신호를 받아들여 카스파제8을 활성화하는 방식으로 신호를 전달한다. 신호 전달을 나타내는 패스웨이에서 화살표는 단백질과 단백질의 결합 혹은 인산화 등의 여러 가지 화학반응을 의미하고 있다.

그림 1.2

에탄올이 초산으로 대사되는 경로는 그림 1.3과 같이 나타내는 예도 있다. 화살표는 대사하는 차례대로 대사 산물을 연결한다. 각각의 화살표에는 대사 반응의 의미가 포함되어 있다. 이 패스웨이에는 빠져 있지만, 필요한 다양한 효소들이 포함되는 때도 있다.

그림 1.3

본서에서는 이러한 패스웨이를 대상으로 하여 컴퓨터를 통해 시스템적으로 이해하려는 방법을 탐색해 나가고자 한다.

제2장

패스웨이 데이터 베이스

패스웨이에 관한 정보는 비교적 데이터베이스로 잘 정리되어 있다. 전문적인 지식을 가진 큐레이터라는 사람들이 문헌을 읽고 작성하는 고품질의 데이터베이스부터, 문헌 요약으로부터 자연 언어 처리나 텍스트마이닝 등을 이용하여 사람이 직접 하기 불가능한 대규모의 검색을 통해 작성되는 데이터베이스에 이르기까지 여러 가지가 있다. 그러므로 상용 혹은 무료에 관계없이 품질이나 특징 등이 크게 다르므로 용도에 따라 적절한 데이터베이스를 사용할 필요가 있다. 본 장에서는 몇 개의 주요한 패스웨이 데이터베이스를 소개하려고 한다. 이들 데이터베이스는 문헌 정보를 근거로 하여 대사 경로, 유전자 네트워크, 신호 전달 경로 등을 모두 합쳐서 패스웨이의 그림으로 함께 표시할 수도 있다. 또 패스웨이의 작성, 편집, 시각화, 해석에 필요한 소프트웨어도 간단하게 소개한다.

2.1 주요한 패스웨이 데이터베이스

패스웨이 데이터베이스는 세계 각국에서 구축하고 있다. 각 데이터베이스에는 작성자의 의도와 목적이 강력하게 반영되어 특색으로 나타나고 있다. 대사 경로에 상세한 데이터베이스가 있다면, 신호 전달 경로에 상세한 것도 있다. 데이터베이스의 작성 방법은 큐레이터라는 전문가가 논문을 읽고, 읽은 내용을 패스웨이의 그림이나 그래프의 구조 등을 사용하여 정리하는 방법이 일반적이다. 혹은 컴퓨터를 이용한 자연 언어 처리나 텍스트마이닝 (text mining)에 따라 제어 관계나 반응 등의 정보를 문장으로부터 발췌하여 패스웨이로 정리하는 방법도 있다. 여기서는 대사 경로와 신호 전달 경로를 중심으로 하는 데이터베이스의 기능과 특징을 소개한다.
패스웨이 정보는 보통 각 데이터베이스에서 정의한 XML (eXtensible Markup Language)이라는 데이터 형식으로 기술한다. 이 데이터 형식은 컴퓨터뿐 아니라 사람도 이해 가능하다는 이점이 있다. 다음의 예는 [Id "5"인 강의는 2007년 4월 1일 "masao nagasaki" 라는 사람에 의해 행해졌다]고 하는 정보를 XML 형식으로 기술한 것이다.

```
<lecture id = 5>
        <date>2007-04-01</date>
        <person>masao nagasaki</person>
</lecture>
```

다음의 절에서 [..ML]로 끝나는 약자가 나오는데, 이것은 패스웨이에 관한 정보가 어떤 변형된 XML의 형태로 기술되어 있음을 나타낸다. 본서에서는 XML의 세부 사항을 더 다루지는 않을 것이다.

COLUMN 2

XML이란?

XML은 스스로 확장 가능한 마크업 언어의 하나이다. 정식 명칭은 Extensible Markup Language이다. 마크업 언어는 문서의 구조와 표현 속성 등을 일정한 규칙에 따라 문장 중에 기술하는 방식의 언어이다. XML은 국제 표준화 단체인 W3C의 XML Working Group에 의해 1996년에 개발되었다. 문서 구조의 규칙을 문서의 작성자가 결정하고, 그 규칙을 공유하는 것이 가능하기 때문에 문법에 얽매이지 않고 고도의 표현력을 유지하면서 여러 응용 프로그램 사이에서 교환 가능하다는 것이 특징이다.

2.1.1 KEGG

KEGG (Kyoto Encyclopedia of Genes and Genomes) (http://www.kegg.jp/)는 교토 대학 화학 연구소 바이오인포매틱스센타와 동경 대학 인간게놈센터에 의해 개발된 일련의 데이터베이스이다. 10년 이상에 걸쳐 개발이 이루어지고 있다. 백과 사전 (Encyclopedia)이라는 이름이 붙어 있듯이 유전자의 배열이나 화합물 정보 등 유전체 연구에 있어서 필요한 여러 가지 정보가 모두 정리되어 있다 (그림 2.1). KEGG는 환경을 포함한 생명 시스템에 관한 모든 정보를 모으는 것을 목표로 하는 사전이다. KEGG의 "PATHWAY" 항목은 대사 반응 패스웨이가 중심으로 정리되어 있다. 비상업적 사용에 대한 라이센스는 무료이고, 상업용은 Pathway Solutions Inc. (http://www.pathway.jp/)가 판매하고 있다.

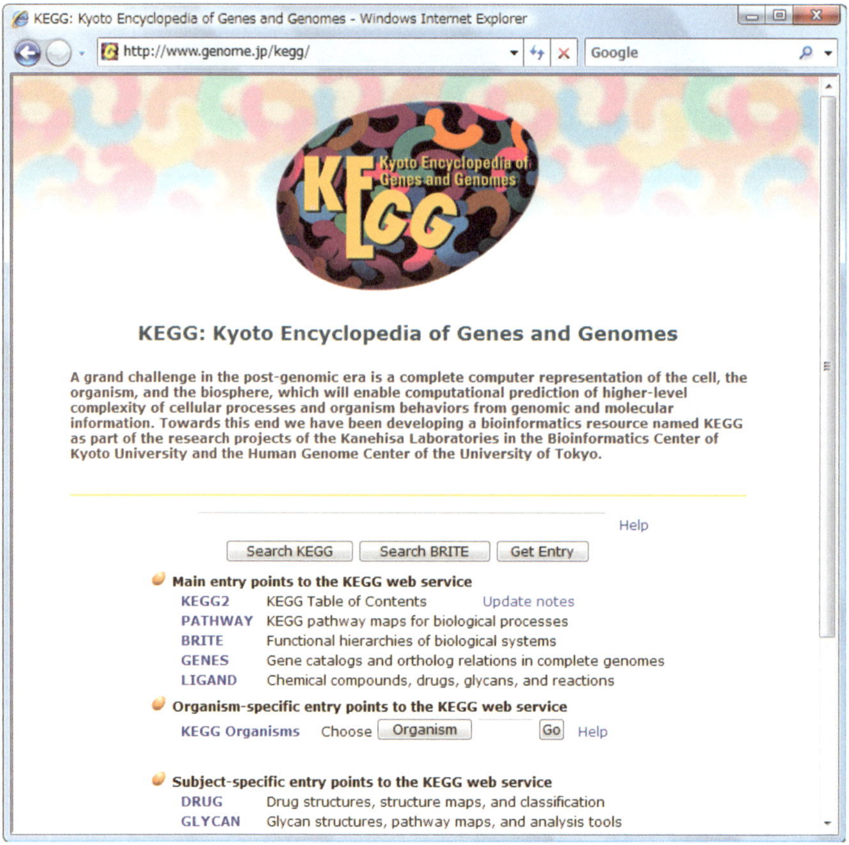

그림 2.1

KEGG의 패스웨이는 효모, 마우스, 인간의 대사 반응 패스웨이가 중심이라는 점이 특징이다. 현재, 세포 주기나 apoptosis를 포함한 신호 전달 경로도 정비되어 있다. 패스웨이의 작성 방법으로는 큐레이터가 개개 유전자의 작용에 관한 문헌을 읽고, 정보를 정리하는 수법을 택하고 있다. 정리된 정보는 웹 브라우저 (인터넷)를 이용하여 열람하는 것이 가능한 패스웨이의 그림으로 그려져 있다. 예를 들어, 어떤 화합물 A가 다른 화합물 B로 대사되는 경로의 존재나 어떤 반응에서 요구하는 효소를 찾는 일이 가능하다. 게다가 데이터베이스는 필요한 효소의 유전자 염기 배열이나 염색체 상의 위치, 조건 등의 연관된 정보에 대한 링크를 제공한다.

패스웨이의 표기 규칙은 독자적인 것으로 KEGGML이라는 것이 개발되어 있다. 또 패스웨이는 GIF라는 화상 형식으로 표시되어 있으므로 사용자가 패스웨이를 편집하는 것은 기본적으로 가능하지 않다.

2.1.2 BioCyc

BioCyc는 SRI International (http://www.biocyc.org/)이 제공하는 패스웨이 데이터베이스이다. SRI International의 바이오인포매틱스 연구 그룹이 개발한 것으로 대사 패스웨이를 중심으로 정리된 고품질의 데이터베이스이다. BioCyc에 관련된 것으로는 EcoCyc, MetaCyc, HumanCyc 등이 있다. 학술용 혹은 비상업용의 이용은 무료, 상업용의 이용은 유료로 되어 있다. 생물종은 인간과 대장균을 중심으로 여러 가지를 포함하고 있다. EcoCyc는 대장균 (*E. coli*) 대사 경로의 데이터베이스이다. 이들 대사 반응을 화학식의 형태로 보여준다. 또한, 현재 대사 경로만큼 많지는 않지만, 신호 전달 경로도 일부 등록되어 있다.

더욱이 대사 경로 패스웨이의 상류에 있는 유전자 네트워크 정보도 정리되어 있다. 즉, 대사 경로로부터 대사 반응에 작용하는 효소와 제어 인자들의 유전자 정보로 링크가 존재한다. 패스웨이 그림은 상세 정도에 따라 여러 단계로 나누어져 있다. 가장 상세한 단계의 패스웨이 그림에는 대사산물이 화학식으로 표시되어 있다.

패스웨이의 작성 방법은 큐레이터가 문헌을 읽고 정리하는 방법을 취하고 있다. 패스웨이의 표기 규칙은 독자적인 것을 사용하고 있다. 패스웨이는

GIF 화상 형식으로 표시되어 있으므로 사용자는 기본적으로 패스웨이를 편집할 수 없다. 그러나 패스웨이 데이터는 패스웨이 그림을 제외하고는 텍스트 형식으로 이용 가능하다.

2.1.3 Ingenuity Pathways Knowledge Base

Ingenuity Pathways Knowledge Base (IPKB)는 Ingenuity System Inc. (http://www.ingenuity.com/)의 패스웨이 데이터베이스이다. 학술용이나 상업용이나 모두 유료로 제공된다. 유전자 네트워크와 신호 전달 경로의 데이터베이스이다. 큐레이터가 문헌을 읽고 추출한 정보를 정리하고 있으며 현재 인간, 마우스, rat의 유전자 정보를 가지고 있다. (2008년 5월, 웹 페이지에는 인간 유전자 13,600개, 마우스 유전자 11,000개, rat 유전자 6,600개가 기재되어 있다). 뒤에 기술할 Ingenuity Pathways Analysis (IPA)를 사용하여 패스웨이의 정보를 표시하고 해석하기 위한 환경을 제공하고 있다. IPKB는 웹 브라우저로 자유롭게 열람할 수 있는 데이터베이스는 아니다. KEGG나 BioCyc 같이 IPKB는 독자적인 저장 형식을 사용한다. 그러나 다른 점은 IPA를 통해 패스웨이의 편집이 가능하다. 그러므로 IPKB는 편집한 패스웨이를 JPEG나 SVG와 같은 화상 형식으로 출력하는 것도 가능하다.

2.1.4 TRANSPATH

TRANSPATH는 BIOBASE (http://www.biobase-international.com)에 의해 작성된 유전자 네트워크 및 신호 전달 경로 데이터베이스이다. 최신판은 학술용이나 상업용이나 모두 유료 서비스이다. 그러나 옛 버전의 일부는 무상의 평가판 (http://www.gene-regulation.com)으로 학술용 사용자들에게 공개되고 있다. 또한 BIOBASE사는 TRANSPATH 외에, 전사 인자의 데이터베이스인 TRANSFAC, 단백질 데이터베이스인 PROTEOME을 제공하고 있다. 또, 이 3개의 데이터베이스를 연결하여 분석하는 ExPlain이라는 소프트웨어도 제공하고 있다.

TRANSPATH도 지금까지 서술한 패스웨이 데이터베이스와 같이 큐레이터가 한 개 한 개의 문헌을 읽고 상호작용의 정보를 정리하는 방식으로 작성된 것으로, 고품질이다. 패스웨이의 표기 규칙은 독자적인 형식을 사용하고 있다. 라이센스를 취득한다면 웹 브라우저에서 패스웨이의 열람과 검색이 가능하다. 또 텍스트 형식으로 정리된 데이터를 내려받기하여 이용할 수 있다. 예를 들면, I-κB의 인산화는 아래와 같은 반응식으로 표현되어 있다.

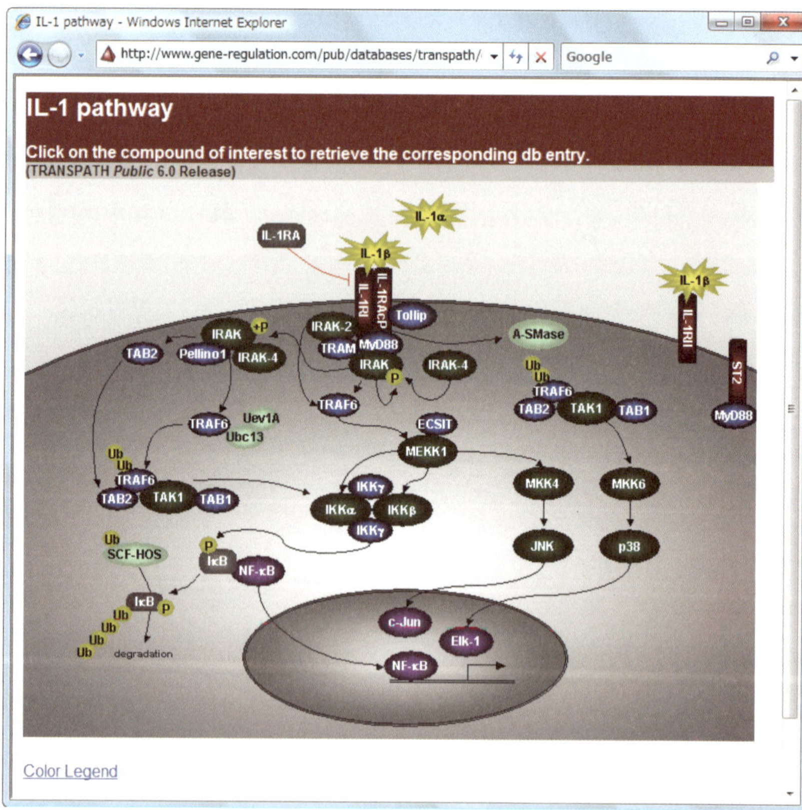

그림 2.2

IkappaB-alpha, IkappaB-beta : p50 : RelA +ATP-IKK-alpha{p} : IKK-beta{p} : (IKK-gamma)2 -> IkappaB-alpha, IkappaB-beta{pS} : p50 : RelA + ADP (phosphorylation)

각각의 반응식에는 그 반응의 근거가 되는 문헌의 링크가 있으므로 그 반응식이 구체적으로는 어떤 생화학 반응을 의미하는지를 확인하는 것이 가능하다. 그림 2.2는 웹 브라우저에 표시된 TRANSPATH의 IL-1 패스웨이를 보여주고, 그림 2.3은 웹 브라우저에 표시된 TRANSPATH의 반응식 정보이다. (2008년 5월의 시점에 웹사이트에는 인간, 마우스, rat에 관한 반응이 모두 135,563개 등록되어 있다고 보고하고 있다.)

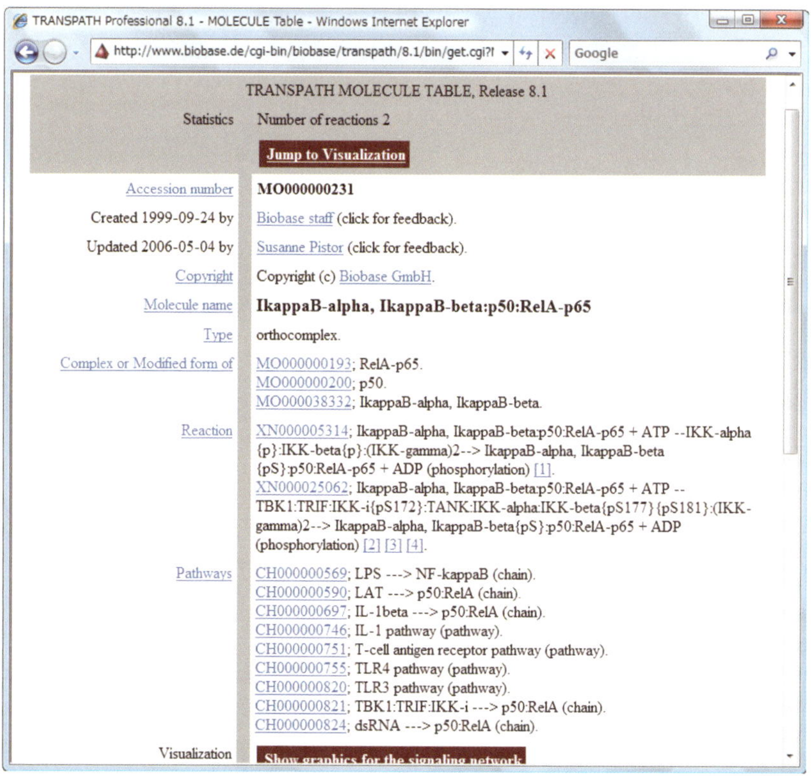

그림 2.3

2.1.5 ResNet

ResNet (http://www.ariadnegenomics.com/)은 Ariadne Genomics사의 패스웨이 데이터베이스이다. 학술용과 상업용 모두 유료이다. ResNet 패스웨이는 유전자 네트워크 및 신호 전달 경로를 취급하고 있다. 다른 데이터베이스와 달리 컴퓨터를 사용하여 기계적인 방법으로 패스웨이 정보를 구축하고 있다는 것이 특징이다. 즉 문헌의 문장을 자연 언어 처리를 이용하여 유전자나 단백질의 제어 관계를 추출하여 패스웨이를 작성하고 있다. 문장을 자연 언어로 처리 하여 제어 관계를 추출하는 과정에서 MedScan을 사용하고 있다. 이 데이터베이스는 PubMed에 등록된 문헌 요약으로부터 정보를 추출하며 일부의 문헌에서는 본문 전부가 처리되고 있다고 한다. 더불어 큐레이터에 의해 추출된 패스웨이도 일부 있다.

MedScan에 따라 얻어진 패스웨이의 데이터는 Pathway Studio라는 시각화 도구를 사용하여 볼 수 있다. 다른 패스웨이 데이터베이스와 마찬가지로, MedScan은 독자적인 표기 형식을 사용하고 있다. ResNet은 분자 간의 제어 관계를 표현하기 위해 라벨이 다른 화살표를 사용한다. '+'는 활성화, '-'는 억제를 의미한다. 관계가 판단되지 않을 때는 '?'로 나타낸다. 이렇게 단순하게 나타낼 수 없는 생화학적인 정보에 관해서는 주해를 덧붙이는 방법으로 보충하고 있다. 모든 이러한 정보를 사용자가 편집하는 것이 가능하다.

2.1.6 Signal Transduction Knowledge Environment (STKE): Database of Cell Signaling

Signal Transduction Knowledge Environment (STKE) (http://stke.sciencemag.org/)의 Cell Signaling 데이터베이스는 *Science* 지가 제공하는 온라인 서비스이다. 이 데이터베이스는 신호 전달 경로의 데이터베이스로, 큐레이터

에 의해 패스웨이가 작성되어 유지되는 고품질의 데이터베이스이다. Science 지의 온라인 서비스에 가입하면 패스웨이 열람과 같은 제한된 이용은 가능하다. 또 웹 브라우저를 통해 GIF 혹은 SVG형식으로 제공되므로 KEGG나 BioCyc와 마찬가지로 사용자가 패스웨이를 웹 브라우저 상에서 편집할 수 없다. 패스웨이 표기 규칙은 독자적인 형식을 사용하고 있다. ResNet과 같은 방법으로, 분자 간의 관계를 그 종류에 따라 다르게 라벨을 붙인 화살표로 나타내고 있다. '+' (simulatory), '-' (inhibitory), '0' (neutral), '?' (undefined)의 4종류 라벨로 의미를 나타내고 있다. 패스웨이가 'specific'과 'canonical' 2개의 종류로 나누어져 있다는 것이 특징이다. Specific 패스웨이는 조직이나 생물종에 특유한 패스웨이를 의미하며, 이에 반해 canonical 패스웨이는 공통인 패스웨이이다. 그러나 TRANSPATH나 ResNet와 달리 사용자가 대상으로 하는 유전자군 (단백질군)의 리스트로부터 자동으로 패스웨이를 구축하는 기능은 없다.

등록된 내용은 다음과 같은 패스웨이를 포함하고 있다 (2007년 3월 현재).

- Cell Biology (46 패스웨이)
- Developmental and Reproductive Biology (32 패스웨이)
- Immune, Inflammatory, and Defense Signaling (17 패스웨이)
- Microbiology (6 패스웨이)
- Neurobiology (5 패스웨이)
- Plant Biology (15 패스웨이)
- Stress, Death, and Survival Signaling (9 패스웨이)
- Pathways Implicated in Human Disease (11 패스웨이)

2.1.7 Reactome

Reactome은 세포 내의 대사 경로나 신호 전달 경로에 대한 패스웨이 데이터베이스 (http://www.reactome.org/)이다. Cold Spring Harbor Laboratory, European Bioinformatics Institute, 그리고 Gene Ontology Consortium--후술의 Gene Ontology를 책정함--을 중심으로 하는 프로젝트이다. 비록 대상으로 하는 생물종은 주로 인간이지만, 마우스나 rat을 시작으로 그 외 22종의 데이터도 있다. 패스웨이는 큐레이터에 의해 작성되고 있다.
Reactome의 패스웨이와 상호작용은 웹 브라우저로 열람은 가능하지만, 편집은 가능하지 않다. 패스웨이의 표기 규칙은 독자 형식을 취하고 있지만 패스웨이 데이터는 여러 표기 형식으로 제공되고 있다. 상호작용은 나중에 기술할 SBML형식으로 배포되고 있다. 게다가 인간의 단백질 상호작용의 데이터는 탭 분리 형식, 그리고 세포의 이벤트 정보는 2.3.5 절에서 설명할 BioPAX 형식으로 배포되고 있다. 이 데이터들은 내려받기와 편집을 할 수 있다.

2.1.8 Metabolome.jp

Metabolome.jp (http://www.metabolome.jp/)는 동경 대학 Frontier Sciences를 중심으로 몇 개 연구실의 협력으로 구축되고 있는 대사계의 패스웨이 데이터베이스이다. ARM이라는 애플릿을 사용하여, 패스웨이는 웹 브라우저를 통해 열람과 편집이 가능하다. 패스웨이는 큐레이터에 의해 작성되고 있다. 대사 산물은 원자 구조식으로 표현되어, 원자의 이동을 고려하는 패스웨이를 표시할 수 있다. KEGG와는 달리 대사 반응에서 원자 이동을 추적할 수 있다. 패스웨이 데이터는 독자 형식을 사용하고 있다.

2.1.9 마무리

이상, 소개한 것처럼 다양한 데이터베이스가 이용 가능하다. 이러한 데이터베이스는 주요하게 취급하는 패스웨이의 종류가 다르다. 대사 경로가 중심인 데이터베이스가 있는가 하면, 신호 전달 경로가 중심인 것도 있다. 더욱이 같은 종류의 데이터베이스라 하더라도 다루는 생물종이 다른 예도 있다. 그러나 어떤 데이터베이스도 패스웨이의 시뮬레이션을 허용할 만큼 충분한 정보를 가지고 있지는 않다.

패스웨이의 작성 방법도 큐레이터라는 전문가들에 의한 것과 컴퓨터에 의한 것도 있어, 각각 데이터베이스의 품질과 특징이 다르게 나타나고 있다. 자연 언어 처리 등의 수법으로 기계적으로 패스웨이의 데이터를 수집하는 방법의 이점은 실제 큐레이터가 문헌을 읽고 정보를 추출하는 것보다 훨씬 많은 대량의 문헌으로부터 정보를 얻는 것이 가능하다. 하지만, 생명체에 관한 지식이나 실험의 상세한 정보가 데이터베이스에 반영되기 어렵다는 결점도 있다. 이러한 기술은 장래에는 개선되겠지만, 현재는 큐레이터에 의해 정확하게 만들어지는 데이터베이스 (IPKB나 TRANSPATH)를 보완하는 상황이다. 큐레이터에 의해 작성된 데이터베이스는 일반적으로 보다 신뢰 가능하며 자세하다. 각 패스웨이 데이터베이스는 고유의 표기 규칙을 가지고 있다. 비록 나중에 기술할 SBML이나 BioPAX와 같이 정보의 표준화를 목적으로 하는 형식이 제안되고 있으나, 현 상황은 실질적으로 만족스럽지 않은 편이다.

여기서 소개한 데이터베이스 외에도 다음과 같은 데이터베이스가 있다.

- BioCarta: 신호 전달 경로 (http://www.biocarta.com/)
- INOH: 신호 전달 경로 (http://www.inoh.org/)
- iPATH: 신호 전달 경로 (http://www.invitrogen.com/content.cfm?pageid=10878)
- Molecular Interaction Map: 신호 전달 경로 및 유전자 제어 네트워크 (http://discover.nci.nih.gov/mim/index.jsp)

여기에 나열되지 않은 수많은 패스웨이 데이터베이스들이 있다. 여기에서 소개된 혹은 소개되지 않은 많은 데이터베이스는 여러 가지 사정 (연구비가 지속적으로 지원되지 않거나, 국가가 전면적으로 지원하게 되거나, 기업화하거나 등) 에 따라 발전해 갈 수도 있고 혹은 사라질 수도 있다. 그러므로 패스웨이 데이터베이스를 이용하려고 할 때 다음의 항목은 판단을 내릴 때 유용할 것이다.

- 웹 브라우저에서 열람할 수 있는가?
- 라이센스에 비용이 드는가?
- 데이터의 종류는? 대사계, 신호 전달계, 유전자 제어, 혹은 기타?
- 데이터베이스는 큐레이터에 의해 아니면 컴퓨터에 의해 구축되었는가?
- 패스웨이를 편집하기 위한 소프트웨어가 있는가?
- 패스웨이 시뮬레이션이 가능한가?

2.2 패스웨이를 나타내는 소프트웨어의 소개

패스웨이의 정보는 시각화하여 직감적으로 보는 것이 필요하다. 이 절에서는 패스웨이를 시각화하는 소프트웨어를 소개하고자 한다.

2.2.1 Ingenuity Pathways Analysis (IPA)

Ingenuity Pathways Analysis는 Ingenuity Systems Inc.의 패스웨이 데이터베이스인 Ingenuity Pathways Knowledge Base (IPKB)의 패스웨이를 시각화하기 위한 소프트웨어이다. 유전자 리스트를 주면 IPA는 그 유전자들과 연관된 패스웨이를 자동으로 구축하여 표시하는 기능을 가지고 있다. 예를 들어 마이크로어레이의 해석 결과로부터 발현의 변화량이 큰 유전자군을 얻었다고 하자. 그렇게 얻어진 유전자군 (유전자 리스트)을 IPA에 입력시키면, 그 유전자군에 관한 패스웨이 정보를 데이터베이스로부터 찾아서 패스웨이를 생성한다. 패스웨이는 인간, 마우스, rat의 혼합된 데이터로 생성된다. 그러므로 비록 IPA가 어떤 패스웨이를 생성했다 하더라도 사용자가 흥미있는 생물종의 패스웨이가 아닐 수도 있으므로 주의할 필요가 있다.

2.2.2 Pathway Builder

TRANSPATH 데이터베이스 (http://www.biobase-inernational.com/)의 반응식으로부터 패스웨이를 자동으로 생성하는 것이 Pathway Builder이다. Pathway Builder는 일련의 유전자와 관련된 모든 반응식을 TRANSPATH 데이터베이스로부터 찾아서 하나의 패스웨이가 되도록 연결한다. Pathway Builder는 하류나 상류의 유전자를 검색하여 패스웨이에 추가하여 표시할 수 있다. 이 기능에 따라 어떤 유전자에 의해 전사가 유도된 유전자군은 어떤 것인지 (패스웨이의 하류)를 찾는 것이 가능하다. 역으로 목적으로 하는 유전자는 어떤 유전자에 의해 억제되고 있는지 (패스웨이의 상류)를 찾는 것도 가능하다.

2.2.3 Pathway Studio

Pathway Studio는 Ariadne Genomics사의 ResNet에서 생성된 데이터를 기본으로 하여 패스웨이를 나타내는 소프트웨어이다. 패스웨이에 새로운 분자 (유전자, 단백질 등)나 사용자 자신의 정보를 추가하는 기능을 가지고 있다. 패스웨이의 자동 배치 기능이 있음도 특징 중의 하나이다. IPA나 Pathway Builder와 같이 유전자명 (단백질명)으로 데이터베이스를 검색하여, 그 유전자 (단백질)와 어떤 관계에 있다고 판단되는 유전자군 (단백질군)으로 이루어진 패스웨이를 만들어 내는 것이 가능하다.

2.2.4 Connections Maps

Signal Transduction Knowledge Environment (STKE): Database of Cell Signaling에서 제공되고 있는 패스웨이를 만들어 내기 위한 프로그램이다. 이 프로그램은 "Pathway Authorities"라는 큐레이터에 따라 데이터베이스에 등록된 정보를 기본으로 하여, 자동으로 패스웨이의 화상을 GIF나 SVG 형식으로 생성한다. 단백질이나 유전자는 이미 결정된 형태와 색을 가진 기호를 가지고 있으며, 제어 관계는 '+' (촉진), '-' (억제), '?' (미정의)의 세 종류로 표시한다. 게다가 패스웨이의 화상에는 링크 정보가 포함되어 있으므로, 기호나 제어 관계를 클릭하여 정보를 찾는 것이 가능하게 되어 있다. 또 SVG 형식이므로 사용자가 패스웨이를 자유로이 확대 혹은 축소할 수 있다. 그러나 IPA나 Pathway Builder와 달리, 일련의 유전자로부터 자유롭게 패스웨이를 생성할 수는 없다.

2.2.5 Cytoscape

Cytoscape (http://www.cytoscape.org/)는 분자 간의 상호작용을 네트워크 그림으로 시각화하는 소프트웨어이다. 샌디에고 캘리포니아 대학과 Institute for Systems Biology를 중심으로 그 외 Pasteur Institute, MSKCC, Agilent, UCSF와 함께 오픈 소스로 개발이 이루어졌다. 이 프로그램은 무료 내려받기가 가능하며 Java가 필요하다. 2008년 4월 현재 최신판은 2.6.0이다.
Cytoscape은 단백질과 단백질의 결합 정보나, 단백질과 DNA의 결합 정보, 마이크로어레이의 해석 결과를 네트워크로 하여 보여준다. 네트워크 표현은 독자의 형식을 사용하고 있다. 단백질이나 유전자를 정점 (node)이라고 부르면서 원, 삼각, 사각으로 표현하고 있다. 그리고 상호작용하는 분자들을 간선 (edge)으로 연결하여 표시하는 간단한 형식이다. 정점과 간선 외에, Gene Ontology의 용어나 실험에서 계측된 유전자 발현 레벨의 수치 등을 덧붙이는 것이 가능하다. Cytoscape에는 여과 기능이 있어, 사용자가 관심이 있는 네트워크만을 걸러서 표시하는 것이 가능하다. Gene Ontology와 여과 기능을 함께 사용한다면 어떤 특정 기능을 가진 유전자(단백질)만을 표시하는 것이 가능하다.

또한, 분석 기능은 플러그인 형태로 제공하고 있다. 수많은 플러그인이 여러 목적을 위해 개발되었다. 예를 들어, Agilent사에서 만든 플러그인을 사용한다면 문헌 요약 중에 나온 단백질이나 유전자의 관계를 자동으로 추출하여, 네트워크로 Cytoscape에 표시하는 것이 가능하다.

Cytoscape은 Simple Interaction File (SIF), Graph Markup Language (GML), Extensible Graph Markup and Modelling Language (XGMML), SBML, BioPAX, PSI MI와 같은 다양한 형식을 읽어들인다. GML과 XGMML은 일반적인 그래프 (간선으로 연결된 정점) 표현을 위한 XML이다. SBML, BioPAX, PSI MI는 다음 절에서 소개할 것이다. SIF 형식은 이름처럼 상호작용을 보여주기 위한 간단한 표기 규칙이다. 예를 들어, 단백질 A와 단백질 B가 상호작용할 때. 두 이름 사이에 상호작용의 이름을 넣어 다음과 같이 표기한다.

A pp B (pp는 protein-protein interaction을 의미한다).

2.3 패스웨이를 둘러싼 표기 규칙

2.3.1 Gene Ontology (GO)

Gene Ontology (GO) (http://www.geneontology.org/)는 생물학적 개념을 기술하기 위해 공통의 어휘 및 그들 간의 관계를 정의하고 있다. 온톨로지 (ontology)는 본래 인공 지능 분야에서 연구되었으며 '어떤 영역의 지식을 나타내는 용어의 계층화된 분류'라고 정의한다. GO 프로젝트는 1990년대에 시작하였다. 데이터베이스의 비교를 쉽게 하기 위해 유전자의 기능 정보를 같은 문법으로 기술하는 것을 목표로 한다. GO에서 정의한 용어를 GO Term이라 하며 다음 3개의 영역으로 분류한다.

- biological process (생물학적 프로세스)
- cellular component (세포의 구성 요소)
- molecular function (분자 기능)

이들 영역에는 “nuclear chromosome”, “chromosome”, “nucleus”, “cell”과 같은 용어가 정의되어 있다. 이들 용어 간에는 “nuclear chromosome *is_a* chromosome”과 같이 “*is_a*” 관계나, “nucleus *part_of* cell”과 같이 “*part_of*”라는 관계가 정의되어 있다. 이것을 온톨로지라고 부른다. 용어 간의 관계는 사이클 없는 방향 그래프 (Directed Acyclic Graph; DAG)로 기술한다. 공동 협력단이 만들어져 있고 또 많은 데이터베이스가 이 프로젝트에 협력하고 있다.

2.3.2 PSI MI

Proteomics Standards Initiative (PSI) (http://psidev.sourceforge.net/)는 2002년부터 시작한 것으로, 질량 분석기와 단백질 상호작용 실험으로부터 얻어진 데이터의 비교나 교환을 쉽게 하기 위해 데이터의 표현법을 표준화하고자 한다. PSI MI는 단백질 상호작용에 관련된 정보를 다루기 위해 정의된 표현형 식이다.

2.3.3 CellML

CellML은 세포 단위에서 시스템 역학을 표현하는 수리 모델의 기술을 목표로 하는 시스템 생물학을 위한 최초의 XML이다. 300개 이상의 모델이 이미 작성되었으며 CellML Repository (http://www.cellml.org/)에 공개하고 있다. International Physiome Project의 후원 아래, 뉴질랜드 오클랜드 대학에서 개발한 것이다. 2000년에 CellML 1.0이 발표되고, 그 후 CellML 1.1이 제안되었다. CellML은 모델의 구조에 관한 정보, 미분 방정식에 기초한 역학에 관한 정보, 거기에 덧붙여 모델에 관한 부가적 정보를 포함한다. 이를 위해 수식을 표기하기 위한 XML인 MathML을 사용하고 있다. 또한 FieldML (http://www.physiome.org.nz/xml_languages/fieldml/)과 결합하여 세포에서 생체 조직에 이르는 모든 것을 기술하는 것을 목표로 하고 있다.

2.3.4 SBML

SBML (Systems Biology Markup Language) (http://www.sbml.org/)도, 생화학적인 반응 모델을 위한 XML 형식의 하나이다. 2001년에 SBML level 1, 2003년에 SBML level 2가 발표되어, CellML과 같이 MathML에 대한 대응, 공간 배치, 물리적인 양의 기술을 위해 확장이 이루어지고 있다.
2008년 5월 시점에, 최신 버전은 SBML 2.3이다. 현재 level 3을 향하여 활발한 논의가 이루어지고 있다. 또, SBW (Systems Biology Workbench)라는 오픈 소스 애플리케이션이 SBML과 함께 사용되기 위해 다른 시뮬레이션이나 해석 소프트웨어와 함께 개발 중이다. SBML로 기술된 BioModels (http://www.ebi.ac.uk/biomodels/)라는 데이터베이스도 소규모이지만 개발이 이루어지고 있다.

2.3.5 BioPAX

BioPAX (http://www.biopax.org/)는 패스웨이 정보를 위한 오픈 소스 형식을 추진하기 위해 2002년에 개발이 시작되었다. 온톨로지를 정의하기 위한 XML 형식의 언어 (OWL)를 사용하여 정의하고 있다. BioPAX level

1은 화합물에 관한 정보와 대사계에 대응하고 있다. BioPAX level 2는 분자의 상호작용을 대상으로 하고 있으며, 그 외 분자의 결합, 인산화 부위, 단백질의 번역 후 변형, 실험 데이터, 패스웨이의 구조 등에 대응하고 있다. 앞으로 BioPAX level 3은 신호 전달 경로와 유전자 제어 네트워크를 다룰 것이다.

2.3.6 CSML/CSO

CSML (Cell System Markup Language) (http://www.csml.org/)은 유전자 제어, 대사계, 신호 전달 경로를 시스템 역학을 고려하여 기술하기 위해 개발된 XML 형식이다. 이것은 동경 대학 인간게놈센터에서 개발하고 있다.

2008년 5월 시점에 최신 버전은 CSML 3.0이다. CSML은 광범위하게 확장 가능하며 2.3.3과 2.3.4절에서 소개한 CellML과 SBML 형식으로 기술된 패스웨이를 읽을 수 있다.

또 다른 형식 데이터와 상호 교환을 실현하기 위해, CSML은 자신의 온톨로지 언어 Cell System Ontology (CSO)를 정의하고 이용한다. CSO는 2.3.5절에서 소개한 BioPAX로는 표현 불가능한 역학이나 신호 전달 경로나 유전자 네트워크를 포함한 지식을 표현할 수 있는 온톨로지이다. 또 CSO에서는 네트워크의 기술에 필요한 어휘와 이에 대응하는 표준 아이콘 (350개 이상)을 새로이 정의하고 있다 (제4장 그림 4.37 참조). CSML은 제3장에서 소개할 Cell Illustrator라고 하는 시뮬레이션 소프트웨어로 시각화 가능하며 CSO의 아이콘은 이 Cell Illustrator에서 사용되고 있다. CSML에서 작성된 모델은 위에 기술한 URL에서 내려받기할 수 있다 (그림 2.4).

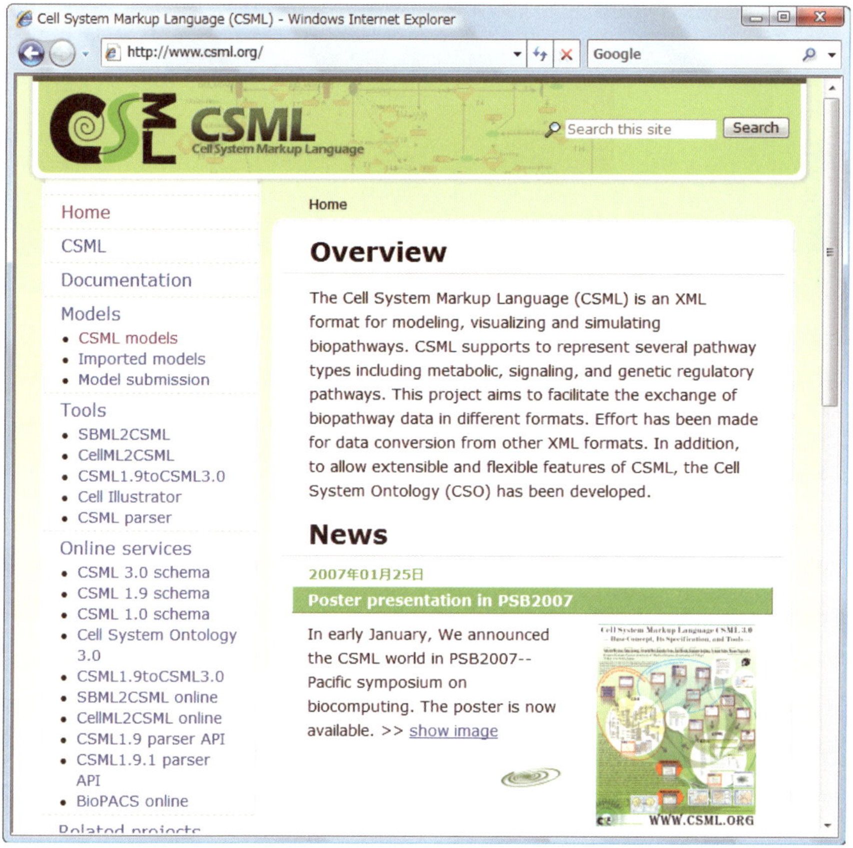
Cell System Markup Language (CSML) - Windows Internet Explorer
http://www.csml.org/
Google
CSML
Cell System Markup Language
Search this site
Search
Home
CSML
Documentation
Models
CSML models
Imported models
Model submission
Tools
SBML2CSML
CellML2CSML
CSML1.9toCSML3.0
Cell Illustrator
CSML parser
Online services
CSML 3.0 schema
CSML 1.9 schema
CSML 1.0 schema
Cell System Ontology 3.0
CSML1.9toCSML3.0
SBML2CSML online
CellML2CSML online
CSML1.9 parser API
CSML1.9.1 parser API
BioPACS online
Home
Overview
The Cell System Markup Language (CSML) is an XML format for modeling, visualizing and simulating biopathways. CSML supports to represent several pathway types including metabolic, signaling, and genetic regulatory pathways. This project aims to facilitate the exchange of biopathway data in different formats. Effort has been made for data conversion from other XML formats. In addition, to allow extensible and flexible features of CSML, the Cell System Ontology (CSO) has been developed.
News
2007年01月25日
Poster presentation in PSB2007
In early January, We announced the CSML world in PSB2007-- Pacific symposium on biocomputing. The poster is now available. >> show image
WWW.CSML.ORG

그림 2.4

제3장

패스웨이 시뮬레이션 소프트웨어

제2장에서 현재 이용 가능한 패스웨이 데이터베이스를 소개하였다. 본 장에서는 세포 내의 반응을 시뮬레이션하는 소프트웨어에 대해 기술하고자 한다. 지금까지 패스웨이 데이터베이스는 생물학적 사실을 패스웨이 그림으로 정보를 제공해 왔다. 반면, 대부분 시뮬레이션 소프트웨어는 패스웨이 모델을 미분 방정식과 프로그래밍 언어로 기술하려고 한다. 즉, 변수는 분자의 농도를 나타내고, 미분 방정식으로 표현하기 어려운 동적 반응은 일반적인 C++ 같은 프로그래밍 언어로 기술하는 것이다. 이것이 시뮬레이션 소프트웨어가 분자 생물학이나 의학 분야에서 유용하게 사용되지 않은 이유 중의 하나일지도 모른다. 왜냐하면, 이러한 서술은 직감적인 생물학적 이해와는 거리가 멀기 때문이다. 일반적으로 모델 (model)이란 미분 방정식과 같은 동적 시스템으로 표현하는 것을 말하고, 그러한 모델을 만드는 과정을 모델링 (modeling)이라 한다. 최근 그래픽 인터페이스 (GUI)의 발전은 마치 그림을 그리듯 패스웨이를 모델링하고 시뮬레이션할 수 있도록 하고 있다.

3.1 시뮬레이션 소프트웨어의 이면

시뮬레이션 소프트웨어를 평가할 때 염두에 두어야 할 2가지 중요한 점이 있다. 첫 번째는 우리가 **아키텍처**라고 부르는 시뮬레이션 엔진이다. 두 번째는 모델링을 위한 GUI다. 그 외 라이선스 비용, OS (Windows, Linux, MacOS X), 모델 호환성 등을 고려해야 한다.

3.1.1 아키텍처: 결정적, 확률적, 혹은 하이브리드?

소프트웨어에서 채택한 아키텍처에 관심이 있는 독자를 위한 내용을 기술하려고 한다. 전문적인 용어에 대해 자세한 설명 없이 사용할 것이다. 책의 나머지 부분의 이해에 별 상관이 없으므로 만약 필요하다면 3.1.1절은 건너뛰어도 좋다.

여기서 말하는 아키텍처는 모델의 동적인 구성을 나타내려는 방법이다. 시스템의 동작이 결정적이고 연속적이라면 상미분 방정식 (Ordinary Differential Equations, ODE)과 편미분 방정식 (Partial Differential Equations, PDE)을 이용하여 기술한다. 효소 반응은 종종 상미분 방정식을 사용한다. ODEs와 PDEs는 모델을 비교적 빨리 시뮬레이션할 수 있다. 또 만약 모델이 ODEs로 구축된 체제로 되어 있다면 적절한 계수를 선택해서 효과적으로 모델을 만들 수 있다. 만약 작은 시스템이라면 철저한 수학적인 해석도 가능하다. 그러나 모델링하려는 반응이 확률적일 때 다른 방식을 고려하지 않을 수 없다. 스위치 같은 이산적인 동작은 특별한 미분 방정식으로 모방하는 것이 가능하다.

확률적인 동작은 GD (Gillespie's Direct method), GB (Gibson-Bruck next reaction method), FB (Firth-Bray multi-state stochastic method), TL (Gillespie Tau-Leap method), SPN (Stochastic Petri Net method) 등의 방법이 있다. 각 아키텍처의 자세한 내용은 이 책이 다루는 범위를 넘어서는 것으로 다루지 않는다. 다만, 이들 방법의 특성 중 한 가지는 모델링을 간단하게 할 수 있다는 점이다. 그러나 시뮬레이션에 시간이 걸리고 동작의 분석이 더 복잡하다. 그러므로 이 아키텍처는 만병통치약이 아니다. 만약 반응 변수 등을 잘 모른다면 확률적인 모델을 이용하는 것은 그다지 적절하지 않다. 물론 어떤 반응은 실제로 확률적인 특성을 요구하기도 하는데, 이때는 어느 정도 확률적인 행동이 모델에 영향을 미칠지 고려하는 것이 중요하다.

앞서 언급한 두 가지 아키텍처 외에도 VB (Vasudeva-Bhalla method), HR (Haseltine-Rawlings method), Hybrid Functional Petri Net과 같은 하이브리드도 있다. 이 아키텍처는 결정적 혹은 확률적 모델보다는 좀 더 높은 유연성을 가진다.

3.1.2 패스웨이의 모델링 방법

제2장에서 소개한 것처럼 패스웨이의 모델을 기술하는 데는 여러 가지 형식이 존재한다. 패스웨이 모델을 만드는 것은 패스웨이 내에 동역학을 포함하는 형식으로 기술하는 것이다. 이를 위해서는 다음과 같은 방법을 사용하고 있다.

1) 스크립트 언어, C++, Java 같은 프로그래밍 언어를 이용한다.
2) XML 같은 지정된 텍스트 형식으로 직접 쓴다.
3) 시뮬레이션 소프트웨어의 GUI를 이용한다. GUI는 단순하게 표나 리스트 형식에서 그림을 그리는 도구처럼 사용자가 쉽게 다가갈 수 있는 것까지 다양하다.

3.2 주요한 시뮬레이션 소프트웨어

생명 시스템을 시뮬레이션한다고 표방하는 소프트웨어는 다수 개발되어 있지만, 일부는 어느 정도 프로그래밍 기술을 요구하는 것도 있다. 여기서는 비교적 설치와 사용이 간단한 소프트웨어를 소개한다.

3.2.1 Gepasi/COPASI

Gepasi (http://www.gepasi.org/)는 세포 내의 반응을 시뮬레이션하기 위해 개발된 초기 소프트웨어로 Windows를 지원한다. Gepasi의 후속으로 작성된 소프트웨어가 COPASI (http://www.copasi.org/)로, 이는 UNIX와 Mac도 지원한다. 프로그램은 비상용에 대해 무료이다. 세포 내의 반응은 리액션 (reaction)이라고 불리는 반응식을 입력함으로써 모델링이 가능하다. 반응식의 입력은 간단한 GUI를 이용한다. 시뮬레이션의 실행 결과는 그래프로 표시하며 아키텍처는 상미분 방정식을 사용하고 있다.

3.2.2 Virtual Cell

Virtual Cell (http://ww.vcell.org/)은 University of Connecticut Health Center에서 개발하여 제공하는 세포 모델링을 위한 환경이다. Java Web Start라 불리는 온라인 환경을 통해 어떤 연구자도 무료로 이용할 수 있다. 사용자가 세포 그림 안에 구성 요소를 배치하고 연결하여 패스웨이를 만들 수 있게 GUI를 제공하고 있다. 3차원 모델을 작성할 수 있다는 것이 다른 소프트웨어에는 없는 특징이라 말할 수 있다. Virtual Cell을 사용하여 작성된 모델은 웹사이트에 공개되어 있다. 아키텍처는 상미분 방정식과 편미분 방정식을 사용하고 있다.

3.2.3 Systems Biology Workbench (SBW), Cell Designer, JDesigner

Systems Biology Workbench (SBW)는 SBML 형식을 위한 시뮬레이션 환경이다. 프로젝트의 웹사이트 (http://sbw.sourefore.net/)에 공개되어 무료로 사용 가능하다. SBW는 약간 오래된 프로그램처럼 순수한 시뮬레이션 엔진이다. SBW 자체는 반응식의 계산이나 프로그램을 실행하는 구성 요소만이 있으므로 시뮬레이션 기능이 없는 Cell Designer (http://www.systems-biology.org/cd/)나 JDesigner (http://www.sys-biology.org/)와 같이 사용하여야 한다. Cell Designer나 JDesigner는 구성 요소를 선택하고 배치하여 모델링할 수 있게 GUI를 제공한다. SBW의 아키텍처는 하이브리드 (GD와 GB)이다.

3.2.4 Dizzy

Dizzy는 결정적 혹은 확률적인 생화학적 반응을 시뮬레이션하기 위한 Java 프로그램으로 Institute for Systems Biology가 개발하고 있다. 2008년 5월 시점에 마지막 버전은 1.11.3이다. 시뮬레이션의 실행 결과는 그래프로 나타내고 있다. 아키텍처는 결정적인 방식은 상미분 방정식, 확률적인 것은 Gillespie, Gibson-Bruck, Tau-Leap를 채용하고 있다. 한 개의 모델을 결정적인 시뮬레이션을 할 것인지, 확률적인 시뮬레이션을 할 것이지 선택하는 것이 가능하지만, 같은 모델 속에 결정적과 확률적 반응 모두를 같이 쓰는 것은 불가능하다. Windows, Linux, Mac OS X를 지원한다.

3.2.5 E-Cell

E-Cell (http://www.e-cell.org/)은 게이오 대학에서 개발한 것으로 대사계 반응의 시뮬레이션을 위한 선구적인 소프트웨어이다. 특별한 GUI는 없고, 결과만을 표시하게 되어 있다. 2008년 2월 시점에 버전 3.1.106을 GPL 라이센스로 발표하였다. Windows, Linux, Mac OS X에서 작동한다. E-Cell로 만들어진 모델은 비교적 적다. 빨리 모델을 작성하기 위해서는 상당한 기술이 요구되는 편이다. 아키텍처는 하이브리드 (HR)를 사용하고 있다.

3.2.6 Cell Illustrator

Cell Illustrator는 동경 대학 인간게놈센터에서 개발한 소프트웨어이다. 2008년 5월의 시점에 최신 버전은 3.0이다. 온라인 버전으로 Cell Illustrator Online 4.0 (6.3절 참조)이 있다. 현재 http://www.cellillustrator.com/에서 제공하고 있다. 3.2.3절에서 언급한 SBW와 달리 패스웨이를 그리고 시뮬레이션하는 기능이 하나의 소프트웨어로 실현되어 있다 (그림 3.1).

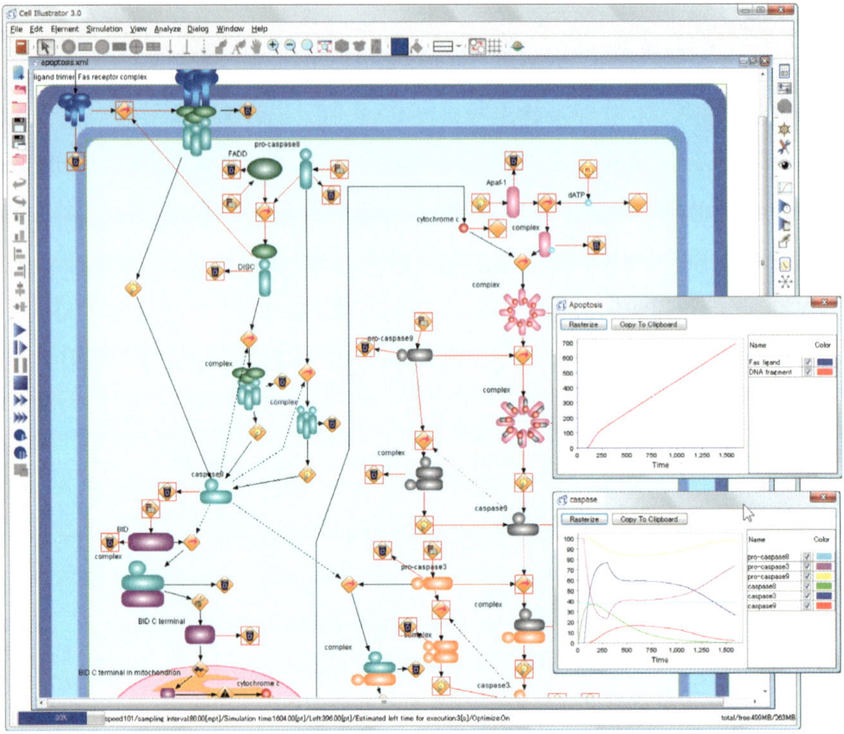

그림 3.1

또 이 프로그램은 모델링 (그리기)을 통해 온톨로지가 내제된 모델을 만들어낸다. 아키텍처로는 Hybrid Functional Petri Net (HFPN)을 확장한 엔진 (HFPNe)이다. Cell Illustrator로 작성한 모델은 CSML 형식으로 저장한다. CellML이나 SBML 형식의 모델을 읽어들이는 것도 가능하다. Cell Illustrator는 동경 대학 의과학연구소, 야마구치 대학 이공학 대학원, 호주의 퀸즈랜드 대학 분자생물화학연구소 (IMB), ARC 바이오인포매틱스센터의 Visible Cell 프로젝트 등에서 현재 이용되고 있으며, 최첨단의 연구를 가능하게 하는 제품으로 평가를 받고 있다.

제4장부터는 Cell Illustrator를 사용하여 패스웨이 모델링과 시뮬레이션하는 방법을 설명할 것이다. 본서의 부록 CD-ROM에 들어 있는 Cell Illustrator

는 본서용의 간이판 (Book Edition)이다. Windows, Linux, Mac OS X를 지원한다.

또 Cell Animator는 시뮬레이션의 결과를 애니메이션으로 보여주는 자매 프로그램이다 (그림 3.2).

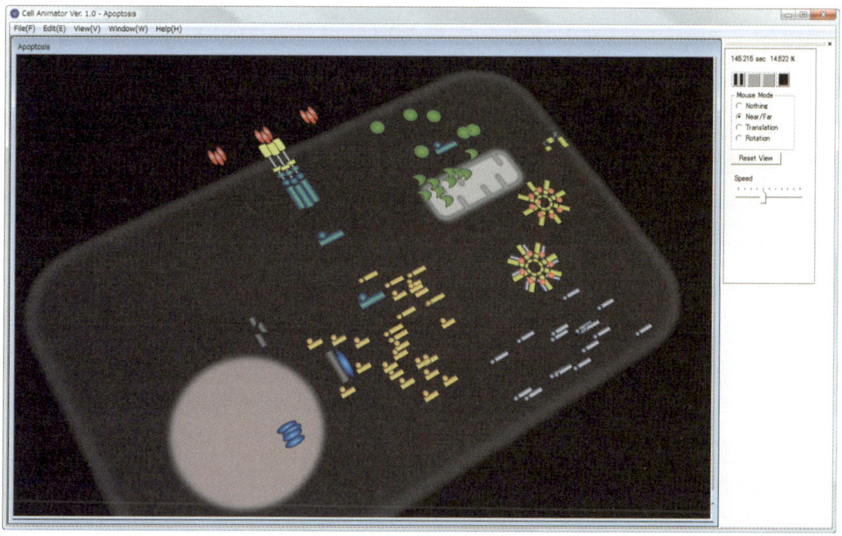

그림 3.2

3.2.7 마무리

표 3.1은 이 장에서 소개한 소프트웨어의 비교 결과를 보여준다. 이들 프로그램은 급속히 개발되는 것이 있는가 하면 개발이 중지된 (특히 무료로 공개된 소프트웨어) 프로그램도 있으므로 장기적인 신뢰성을 잘 검토하여 이용할 필요가 있다.

표 3.1

이름	GUI의 품질	아키텍처
COPASI	☆	결정적 (ODE), 해석 기능 있음
Virtual Cell	☆☆	결정적 (ODE, PDE)
Cell Designer	☆☆☆☆	없음
JDesigner	☆☆☆☆	없음
SBW	없음	하이브리드 (GD, GB 등)
Dizzy	☆	하이브리드 (GD, GB, TL)
E-Cell	☆	하이브리드 (HR)
Cell Illustrator	☆☆☆☆☆	하이브리드 (HFPNe)

제4장

Cell Illustrator

이 장에서는 CD-ROM에 수록된 소프트웨어 Cell Illustrator 3.0을 이용하여 패스웨이의 작성과 시뮬레이션을 위한 기본 과정을 학습할 것이다. 미분 방정식이나 프로그래밍과 같은 전문적인 지식은 전혀 필요하지 않다. 기본 아이디어는 패스웨이를 그림으로써 모델링과 시뮬레이션을 수행한다는 것이다.

4.1 Cell Illustrator의 설치

4.1.1 Cell Illustrator의 설치에 필요한 조건

Cell Illustrator는 Java가 작동하는 대부분의 컴퓨터 운영 체제에서 사용 가능하다. 구체적으로는 Windows, Mac, Linux에서 작동한다. Cell Illustrator의 실행에는 Java Runtime Environment (JRE) 버전이 1.5.0 혹은 그 이상이어야 한다. 이미 더 최신의 JRE가 설치되어 있으면 JRE를 설치할 필요가 없다. 그렇지 않다면 http://java.sun.com/에서 JRE를 내려받거나 혹은 부록 CD-ROM에 수록된 설치 프로그램의 JRE 1.6.0을 이용하자.

4.1.1.1 지원하는 운영 체제

다음과 같은 Cell Illustrator 설치 프로그램이 운영 체제 종류와 JRE (Java VM)의 유무에 따라 준비되어 있다.

- Windows NT/2000/XP/Vista (Java VM 없음)
- Windows NT/2000/XP/Vista (Java VM 있음)
- Linux (Java VM 없음)
- Linux (Java VM 있음)
- Mac OS X 10.4.8 (Tiger) 이상 (Java VM 없음)

4.1.1.2 하드웨어의 요구 조건

Cell Illustrator를 작동하기 위한 하드웨어의 최소 요구 조건은 다음과 같다.

- CPU: 1GHz
- 메모리: 512M Bytes
- 디스크 용량: 100M Bytes

실제의 작업을 고려한다면 다음과 같은 하드웨어 성능이 요구된다.

- CPU: 2GHz
- 메모리: 1G Bytes

4.1.2 Cell Illustrator의 구성

2007년 7월의 시점에서 Cell Illustrator는 4가지 종류, **Cell Illustrator Draw (CI Draw), Cell Illustrator Standard/Classroom (CI Standard/Classroom), Cell Illustrator Professional (CI Professional)**이 있다. CI Draw는 시뮬레이션 기능이 생략되고 패스웨이의 모델링을 위해 특화된 것으로 무료이다. CI Standard/Classroom은 작성 가능한 패스웨이의 크기에 제한은 있지만, 시뮬레이션 기능은 유효하다. CI Classroom은 CI Standard의 수업 전용 버전이다. CI Professional은 모든 기능을 제한 없이 갖춘 것으로 1,000개 이상의 요소를 가진 패스웨이도 작성하며, 대규모 유전자 네트워크의 해석에도 사용 가능하다. 모든 버전은 30일간 무료로 체험할 수 있다.
부록 CD-ROM에는 Cell Illustrator 3.0의 간소화한 버전을 수록하고 있다. 이 **간이판**은 제4, 5장을 학습하기 위해 필요 충분한 기능을 가지고 있으며, CI Draw와 CI Classroom의 중간 정도의 기능을 가지고 있다. 더 큰 패스웨이 모델을 위해 갱신이 필요할 때는 적절한 판의 라이센스를 취득하기만 하면 된다. 라이센스에 관한 정보는 Cell Illustrator의 공식 페이지 http://www.cellillustrator.com/를 참조하기 바란다. 이제 Cell Illustrator 3.0 (CI3.0)과 함께 시스템 생물학으로의 도전을 시도해 보자.

4.1.3 Cell Illustrator의 설치와 실행

이 절에서는 Cell Illustrator의 설치에 관해 기술하고자 한다. 본서에서는 Windows Vista 환경을 예로 설명하고 있으나 다른 Windows 환경도 비슷할 것이다.

4.1.3.1 Windows에서의 설치

4.1.3.1.1 JRE가 없거나 설치 여부를 모를 때

1) 부록 CD-ROM의 CI3.0_wj_setup.exe를 클릭해서 설치한다.
2) 설치가 끝나면 시작 메뉴에 Cell Illustrator가 등록되어 나타난다. 이것을 이용하여 실행한다.

4.1.3.1.2 JRE가 이미 설치된 경우

1) 부록 CD-ROM에 CI3.0_setup.exe를 클릭해서 설치한다.
2) 설치가 완료되면 시작 메뉴에 Cell Illustrator가 등록된다. 이것을 이용하여 실행한다.

4.1.3.2 Mac OS X에서의 설치

Mac OS 버전은 JRE가 포함된 설치 프로그램은 없다. Mac OS X는 "Software Update"를 실행함으로써 JRE도 최신판으로 갱신할 수 있다. 단, "Classic" 환경에서는 설치할 수 없다.

1) CI3.0x_m.tgz을 적당한 폴더로 이동한다.
2) CI3.0x_m.tgz을 두 번 클릭하여 설치를 시작한다.
3) 설치가 완료되면 Cell Illustrator의 아이콘이 데스크톱에 만들어진다. Cell Illustrator를 기동하기 위해서는 데스크톱에 만들어진 Cell Illustrator 아이콘을 두 번 클릭한다.

4.1.3.3 Linux에서의 설치

만약 이미 설치된 JRE의 버전이 1.5 미만의 때는 수동으로 JRE를 갱신해야 한다. JRE를 포함한 설치 프로그램으로 설치할 수 없기 때문이다.

4.1.3.3.1 JRE를 포함한 버전

1) 부록 CD-ROM의 CI3.0x_lj.bin을 적당한 디렉터리로 이동한다.
2) xterm과 같은 터미널에서 "chmod +x CI3.0x_lj.bin"을 실행한다.
3) 터미널에서 "./CI3.0x_lj.bin"을 실행한다 (이 과정에서 JRE도 같이 설치한다).

Cell Illustrator를 기동하기 위해서는 새로이 작성된 (보통 GNI라고 이름 붙여진) 디렉터리로 이동하여 "./CI"를 실행한다.

4.1.3.3.2 JRE를 포함하지 않은 버전

1) 부록 CD-ROM의 CI3.0x_l.bin을 적당한 디렉터리로 이동한다.
2) xterm과 같은 터미널에서 "chmod +x CI3.0x_l.bin"을 실행한다.
3) "./CI3.0x_l.bin"을 실행한다.

Cell Illustrator를 기동하기 위해서는 새로이 작성된 (보통 GNI라고 이름 붙여진) 디렉터리로 이동하여 "./CI"를 실행한다.

4.1.3.4 Unix에서의 설치

Unix 판에서는 JRE가 포함된 설치 프로그램은 없으므로 JRE가 없으면 별도로 설치할 필요가 있다.

1) CI3.0x_u.jar을 적당한 디렉터리로 이동한다.
2) xterm과 같은 터미널에서 "chmod +x CI3.0x_u.jar"를 실행한다.
3) "./CI3.0x_u.jar"를 실행한다.

Cell Illustrator를 기동하기 위해서는 새로이 작성된 폴더 (통상 GNI 폴더)로 이동하여 "./CI"를 실행한다.

4.1.4 라이센스의 설치

본서의 부록 CD-ROM을 사용하여 Cell Illustrator를 설치한다면 라이센스 파일도 자동으로 설치한다. 예를 들어, Windows 환경은 (기본 설치를 했을 때)

"C:\Program Files\GNI\Cell Illustrator3.0"

디렉터리에 license.txt라는 파일이 있는데 이것이 라이센스 파일이다.
CI Classroom이나 CI Professional과 같은 다른 버전을 구입했을 때는, 취득한 라이센스 파일을 Cell Illustrator를 설치한 폴더로 옮기면 된다.

4.2 Cell Illustrator의 기본 개념

4.2.1 기본 개념

Cell Illustrator는 패스웨이의 모델링과 시뮬레이션을 위해 Petri net이라는 방식을 사용하고 있다. Petri net은 Carl A. Petri가 고안한 것으로 병행 시스템의 수학적 기술이다. 이것을 시스템 생물학에 응용 가능하도록 확장한 것을 Cell Illustrator가 사용하고 있다. 이 새 개념을 Hybrid Functional Petri Net with extension (HFPNe)이라고 부른다. HFPNe에서는 생물학적 이해를 돕기 위해서 Petri net 이론에서 사용되고 있는 본래의 용어와 다른 용어를 사용하고 있다. Cell Illustrator는 HFPNe 개념을 기본으로 하고 있으며 다음과 같은 특성을 가지고 있다.

1) 그림을 그리듯 패스웨이를 모델링할 수 있다.
2) 모델링 즉시 간단한 시뮬레이션이 가능하다.

3) 간단한 모델부터 복잡한 모델까지 한 가지 방식으로 모델링하는 것이 가능하다.

Cell Illustrator는 **엔티티** (entity), **프로세스** (process), **커넥터** (connector)라고 하는 3개의 **구성 요소** (element)를 사용하여 패스웨이를 모델링한다. 그림 4.1은 Cell Illustrator에서 사용하는 구성 요소를 보여준다.

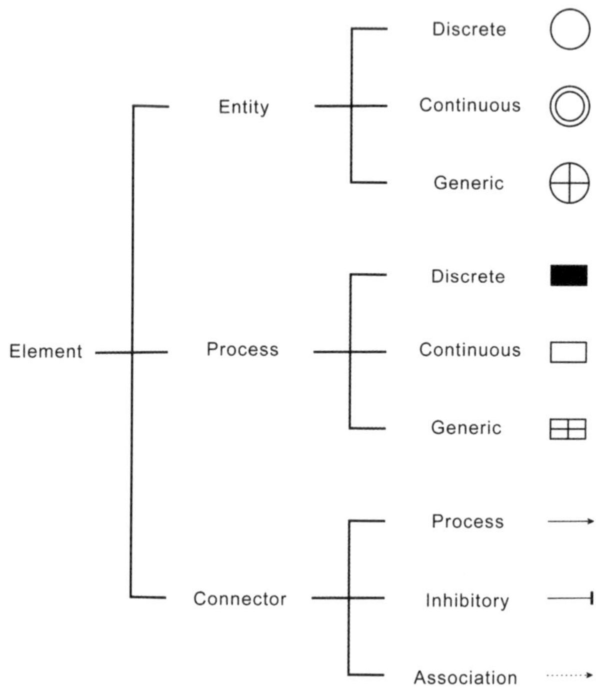

그림 4.1

4.2.2 엔티티 (Entity)

엔티티는 단백질 혹은 mRNA 같은 객체 "(object)"를 표현한다. 엔티티에는 **이산** (discrete), **연속** (continuous), **범용** (generic)의 3개의 유형이 있다. 이 3개의 유형은 각각 다른 특징이 있으므로 효과적인 모델링을 위해 이들 엔티티를 적절하게 사용하는 것이 필요하다. 각 유형을 **이산 엔티티** (discrete entity), **연속 엔티티** (continuous entity), **범용 엔티티** (generic entity)라고 부르며, 그림 4.2와 같이 표현한다.

그림 4.2

이산 엔티티는 정수 (0, 1, 2,...)를 값으로 가지고 연속 엔티티는 음이 아닌 실수를 값으로 가질 수 있다. 예를 들면, 특정 단백질 분자의 개수를 나타내고 싶을 때는 이산 엔티티를 이용하고, 그 단백질 분자의 농도를 나타내기 위해서는 연속 엔티티를 이용할 수 있다. 범용 엔티티는 모든 객체를 다룰 수 있으나, Cell Illustrator는 주로 쓰이는 정수, 실수, 문자열, 불린 (Boolean) 값에 중점을 두고 있다. 범용 엔티티에 관해서는 본서에서 다루는 범위를 넘어서므로 생략한다.

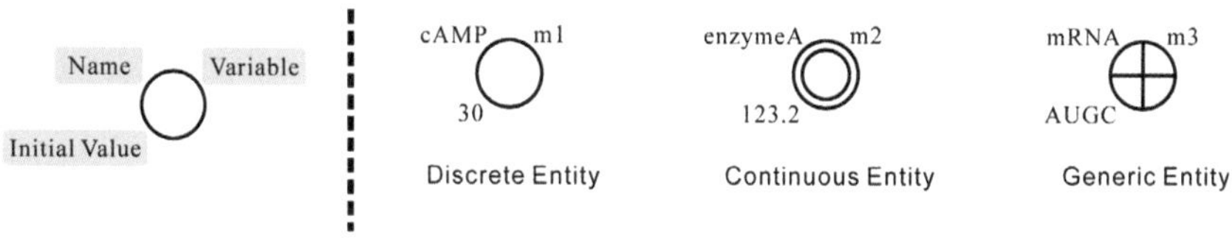

그림 4.3

Cell Illustrator에서 엔티티를 **캔버스** (canvas)에 배치하면 그림 4.3과 같이 그 엔티티의 3가지 속성이 좌상 (top left), 우상 (top right), 좌하 (bottom left)에 나타난다. 캔버스에 관해서는 4.3절에서 작성하는 방법을 설명한다. 각 속성을 **이름** (Name), **변수명** (Variable), **초기값** (Initial Value)이라 부르며 각각 엔티티의 이름, 엔티티가 가지는 변수명 및 변수의 초기값을 의미한다. 이름은 “e”에 숫자가 붙은 텍스트, 변수명은 “m”에 숫자가 붙어 있는 텍스트, 초기치는 0이 기본값으로 각각 주어진다.

그림 4.4

이름 (Name), 변수명 (Variable), 초기값 (Initial Value)을 변경하는 세 가지 방법이 있다.

방법 1: 캔버스 위에서 엔티티를 표시하는 대상 텍스트를 두 번 클릭하여 직접 입력한다 (그림 4.4).

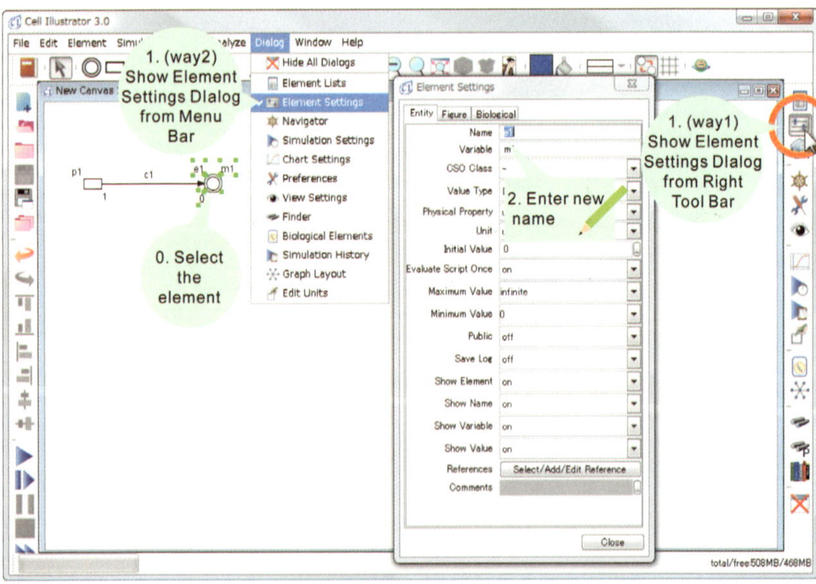

그림 4.5

방법 2: **요소 설정 대화 상자** (Element Settings Dialog)를 열어서 이름 (Name), 변수 (Variable), 초기값 (Initial Value) 난의 내용을 변경한다 (그림 4.5).

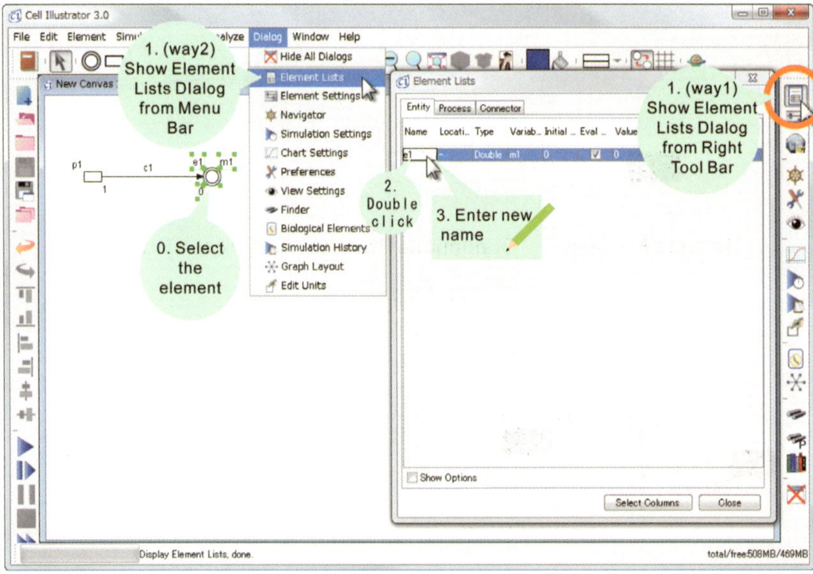

그림 4.6

방법 3: **요소 일람 대화 상자** (Element Lists Dialog)를 열어서 엔티티 (Entity) 탭의 Entity/Variable/Initial Value를 두 번 클릭하여 변경된 내용을 입력한다 (그림 4.6).

4.2.3 프로세스 (Process)

프로세스는 단백질과 같은 엔티티에서 일어나는 "현상 (event)"이다. 예를 들면, 활성화, 결합, 이동, 전사, 번역과 같은 여러 가지 현상을 나타낸다. 엔티티와 프로세스를 결합함으로써 복잡한 현상이나 반응 시스템을 표현하는 것이 가능하다.

프로세스는 엔티티와 같이 **이산** (discrete), **연속** (continuous), **범용** (generic)의 세 가지 유형이 있어, 각각 **이산 프로세스** (discrete process), **연속 프로세스** (continuous process), **범용 프로세스** (generic process)라고 부르며, 그림 4.7과 같이 기호로 구별하고 있다. 본서에서는 이산 프로세스와 연속 프로세스를 설명하고, 범용 프로세스는 생략한다.

그림 4.7

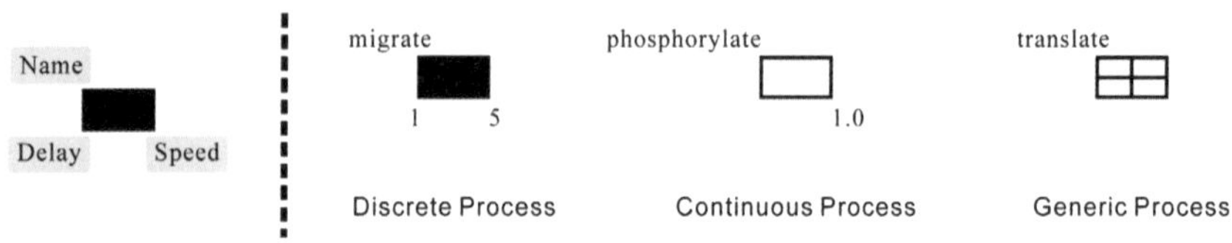

그림 4.8

Cell Illustrator의 캔버스에 이산 프로세스를 배치하면 그림 4.8의 왼쪽에 보이는 것과 같이 프로세스가 가진 세 개의 속성이 좌상 (top left), 좌하 (bottom left), 우하 (bottom right)에 표시된다. 각각 프로세스의 **이름** (Name), 프로세스의 **지연** (Delay), 프로세스의 **속도** (Speed)를 의미한다. 지연과 속도에 관해서는 뒤에 다시 설명할 것이다. 기본 설정으로 이름에는 'p'에 숫자가 붙은 텍스트, 지연과 속도는 1이 자동으로 나타난다. 지연은 이산 프로세스와 범용 프로세스에서만 사용되는 속성이며 속도는 모든 유형의 프로세스 속성이다.

이름 (Name), 지연 (Delay), 속도 (Speed)의 변경에는 다음 세 가지 방법이 있다.

그림 4.9

방법 1: 캔버스 위에서 프로세스를 표시하는 대상 텍스트를 두 번 클릭하여 직접 입력한다 (그림 4.9).

방법 2: 요소 설정 대화 상자 (Element Settings Dialog)를 열어 그 중에서 이름 (Name), 지연 (Delay), 속도 (Speed) 난에 변경된 내용을 입력한다.

방법 3: 요소 일람 대화 상자 (Element Lists Dialog)를 열어 그 프로세스 탭의 Name/Delay/Speed를 두 번 클릭하여 변경된 내용을 입력한다.

4.2.4 커넥터 (Connector)

커넥터는 엔티티에서 프로세스로 혹은 프로세스에서 엔티티로 연결하는 화살표이다. 엔티티와 엔티티, 프로세스와 프로세스를 직접 커넥터로 연결할 수는 없다.

특히 엔티티에서 프로세스로의 커넥터를 **입력 커넥터** (input connector), 프로세스에서 엔티티로의 커넥터를 **출력 커넥터** (output connector)라고 부른다. 또 엔티티와 프로세스의 유형에 따라 그들 사이의 연결이 불가능할 때도 있다 (표 4.1 참조).

커넥터에는 **프로세스 커넥터** (process connector), **억제 커넥터** (inhibitory connector), **보조 커넥터** (association connector)라는 세 가지 유형이 있으며 그림 4.10과 같이 기호로 구별하고 있다. 이들 세 유형은 어느 것이든 입력 커넥터가 될 수 있지만, 오직 프로세스 커넥터만이 출력 커넥터가 될 수 있다.

그림 4.10

프로세스 커넥터는 가장 다용도로 어떤 반응에서도 사용될 수 있다. 억제 커넥터는 엔티티가 프로세스를 방해하는 것을 표현할 때 사용한다. 보조 커넥터는 엔티티가 프로세스의 작용을 보조하는 것을 표현할 때 사용한다. 각 커넥터의 구체적인 사용 방법은 4.7절에서 설명한다.
Cell Illustrator에서 엔티티와 프로세스를 캔버스 위에서 연결하면 그림 4.11과 같이 커넥터의 두 개의 속성이 커넥터의 위와 아래에 표시된다. 각각 커넥터의 **이름** (Name)과 커넥터의 **임계치** (Threshold)를 나타낸다. 임계치는 나중에 다시 설명할 것이다. 기본 설정으로, 이름에는 'c'에 숫자가 붙어 있는 텍스트, 임계치에는 0이 자동으로 표시된다.

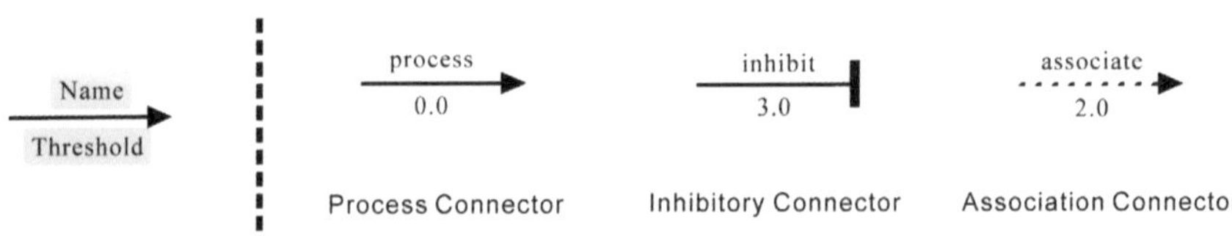

그림 4.11

이름 (Name)과 임계치 (Threshold)의 변경에는 다음과 같은 세 가지 방법이 있다.

그림 4.12

방법 1: 캔버스에서 커넥터에 표시된 대상 텍스트를 두 번 클릭하여 직접 입력한다 (그림 4.12).

방법 2: 요소 설정 대화 상자 (Element Settings Dialog)를 열어 그 중에서 이름 (Name)과 임계치 (Threshold) 난에 변경된 내용을 입력한다.

방법 3: 요소 일람 대화 상자 (Element Lists Dialog)를 열어 그 커넥터 탭의 Name/Threshold를 두 번 클릭하여 변경된 내용을 입력한다

4.2.5 요소 간의 연결 규칙

Cell Illustrator는 엔티티와 프로세스를 커넥터로 연결하기 위한 규칙이 있다. 4.2.4절에서 설명한 것처럼 프로세스와 프로세스, 엔티티와 엔티티는 커넥터로 연결할 수 없다. 커넥터는 프로세스와 엔티티 사이를 연결하는데 표 4.1에서 보듯이 각 요소의 유형에 따라 제약이 있다. 연결 규칙은 다음과 같이 정리할 수 있다.

1) 억제 커넥터 (inhibitory connector)와 보조 커넥터 (association connector)는 입력 커넥터로만 사용하며, 출력 커넥터로는 사용할 수 없다. 그 외 연결 규칙은 없다.

2) 프로세스 커넥터 (process connector)는 이산 엔티티 (discrete entity)로부터 연속 프로세스 (continuous process)로 연결할 수 없으며 그 역도 마찬가지이다.
3) 프로세스 커넥터 (process connector)는 범용 엔티티 (generic entity)로부터 범용 프로세스 (generic process)로만 연결할 수 있다.

캔버스에서 연결 가능한 요소 간을 커넥터로 연결하려고 할 때는 그림 4.13과 같이 요소의 테두리가 초록색으로 변한다. 하지만, 연결할 수 없을 때는 그림 4.14와 같이 아무런 변화가 없다. 그러므로 연결 규칙을 외우지 않더라도 캔버스 상에서 쉽게 판정할 수 있다.

표 4.1 엔티티와 프로세스의 연결 규칙

커넥터 유형		입력 커넥터 (프로세스 커넥터)		
프로세스 유형		이산	연속	범용
엔티티 유형	이산	✓	-	✓
	연속	✓	✓	✓
	범용	-	-	✓

커넥터 유형		입력 커넥터 (억제/보조 커넥터)		
프로세스 유형		이산	연속	범용
엔티티 유형	이산	✓	✓	✓
	연속	✓	✓	✓
	범용	✓	✓	✓

커넥터 유형		출력 커넥터 (프로세스 커넥터)		
프로세스 유형		이산	연속	범용
엔티티 유형	이산	✓	-	✓
	연속	✓	✓	✓
	범용	✓	✓	✓

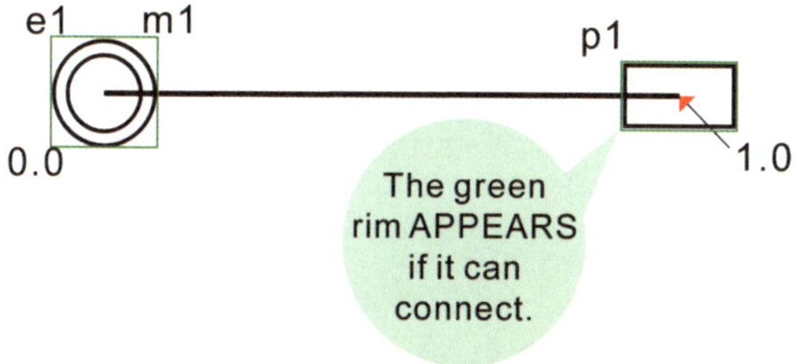

그림 4.13

그림 4.14

4.2.6 요소들을 위한 아이콘

Cell Illustrator는 지금까지 소개한 요소의 기본적인 기호 외에 엔티티와 프로세스를 위한 아이콘을 제공하고 있다 (4.6절에서 설명한다). 만약 이것이 부족하다면 사용자는 자신이 원하는 아이콘을 작성하여 엔티티와 프로세스를 표현하기 위해 사용할 수 있다. 요소의 아이콘을 바꾸기 위해서는 먼저 요소를 선택하고, "오른쪽 클릭" → [Replace Figure] → [Image]로 자신이 작성한 아이콘을 붙이는 것이 가능하다. 이 기능의 사용은 패스웨이의 모델을 보다 이해하기 쉽게 만들 것이다. 이렇게 사용자가 만든 아이콘도 다른 아이콘 요소와 마찬가지로 같은 연결 규칙, 속성, 유형을 가진다.

4.2.6.1 엔티티 아이콘의 예

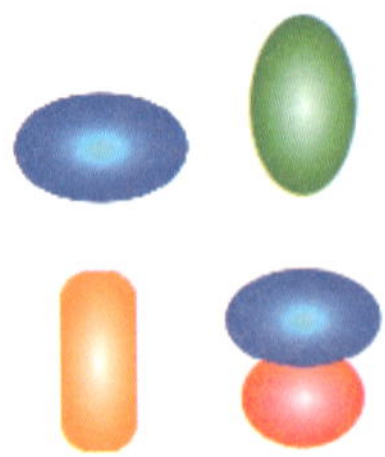	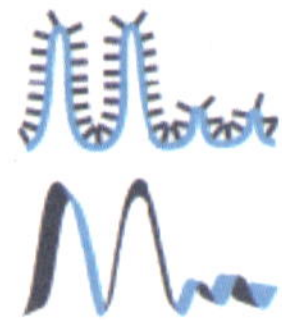	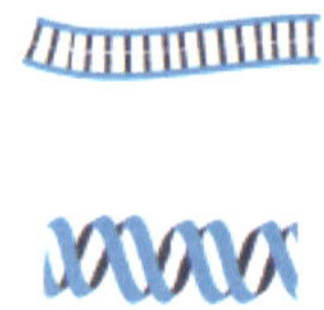
단백질	mRNA	DNA

4.2.6.2 프로세스 아이콘의 예

활성화 (Activation)	절단 (Cleavage)	이동 (Translocation)

전사 (Transcription)	번역 (Translation)	분해 (Degradation)

인산화 (Phosphorylation)	탈인산화 (Dephosphorylation)	결합 (Binding)

4.3 Cell Illustrator의 시작과 모델의 편집 방법

Cell Illustrator를 기동하면 **메인 윈도**가 나타난다 (그림 4.15). 메뉴의 각 부분을 메뉴 바 (menu bar), 상측 툴바 (top tool bar), 좌측 툴바 (left tool bar), 우측 툴바 (right tool bar), 메인 윈도 (main window)로 부르기로 하자.

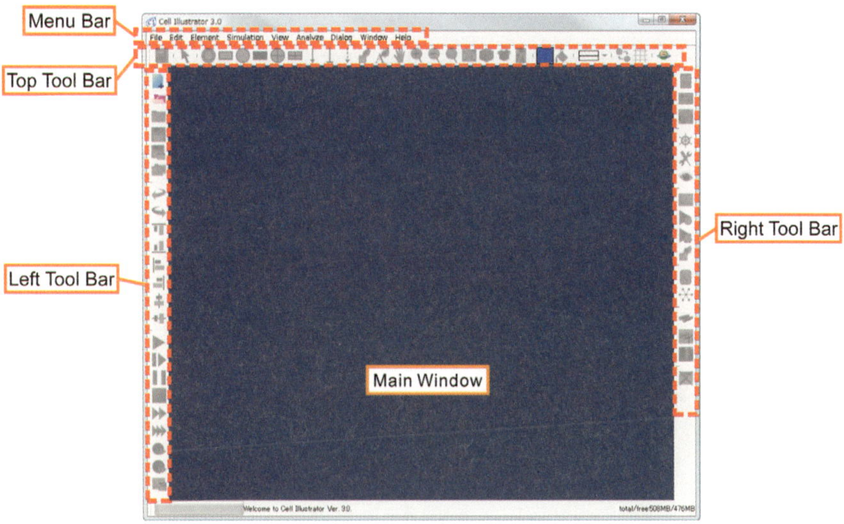

그림 4.15

새 모델을 작성하고 편집하기 위해서는 새 캔버스가 필요하다. 캔버스는 두 가지 방법으로 작성한다.

1) 왼쪽 툴바의 제일 위쪽 아이콘 을 클릭한다. 아이콘 위에 마우스 커서를 올려놓으면 "Create New Canvas"라고 나타난다.

2) 메뉴 바에 [File] → [New]를 선택한다. 메뉴 바의 [File] → [Close File] 혹은 [Save]의 선택은 현재 편집 중인 캔버스를 종료 혹은 보존한다.

4.3.1 요소의 추가

요소에는 엔티티, 프로세스, 그리고 커넥터가 있음을 상기하자. 여기서는 이러한 요소를 캔버스에 추가하는 방법을 설명한다.

4.3.1.1 엔티티와 프로세스의 추가

새 엔티티와 프로세스를 캔버스에 추가하는 방법은 네 가지가 있다.

1) 메인 윈도의 상측 툴바에서 엔티티와 프로세스를 의미하는 아이콘 ◎, ○, ⊕, ▭, ■, ⊞을 선택한다. 그리고 선택한 요소를 놓고자 하는 곳에서 클릭한다.
2) 어떤 요소도 선택하지 않은 상태에서 캔버스 위에서 마우스 오른쪽 클릭을 하고 Insert Entity/Insert Process를 선택하면 지정한 요소를 캔버스 위에 배치하는 것이 가능하다 (그림 4.16).

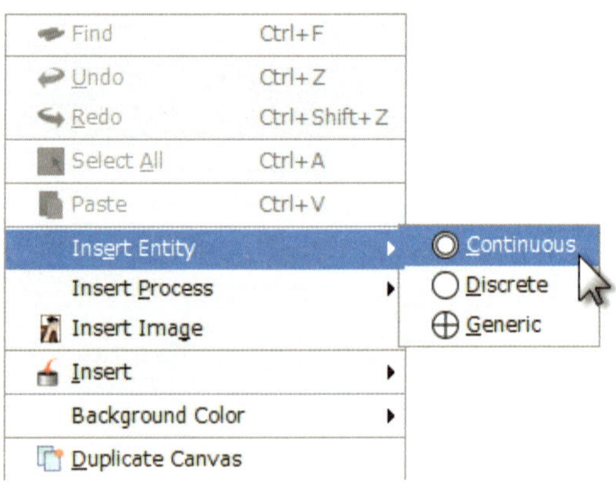

그림 4.16

3) 메뉴 바에서 [Edit] → [Insert Entity] 혹은 [Edit] → [Insert Process]를 선택해서 지정한 요소를 배치하는 것이 가능하다 (그림 4.17). 이 방법

으로 추가하는 요소는 캔버스의 중심에 놓이게 된다.

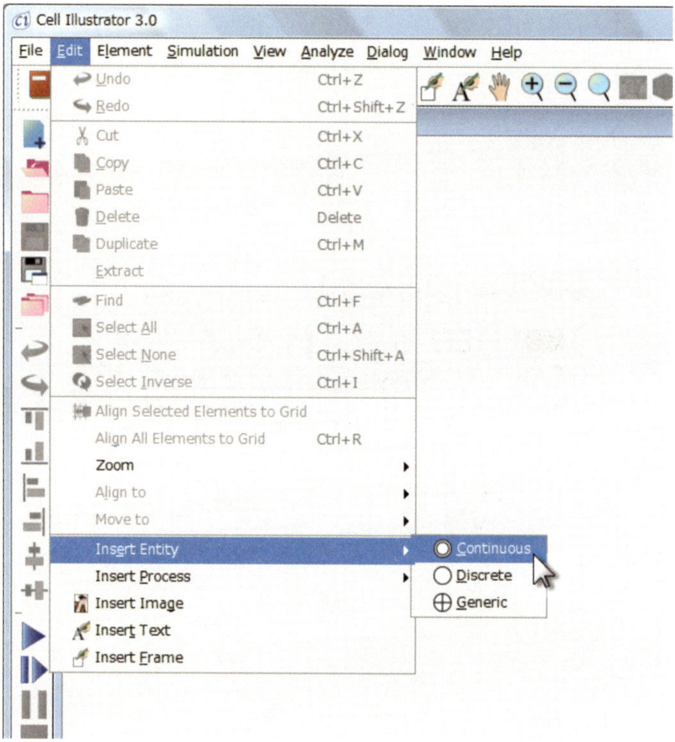

그림 4.17

4) **생물학적 요소 대화 상자** (Biological Elements Dialog)로부터 요소를 선택하여 드래그 앤드 드롭 (drag and drop)해서 배치하는 것이 가능하다. 이것에 관해서는 뒤에 상세히 소개할 것이다.

4.3.1.2 커넥터의 추가

엔티티와 프로세스를 연결하는 것은 방법은 다음과 같다.

1) 메인 윈도의 상부에 있는 상측 툴바에서 Cell Illustrator의 커넥터를 표시하는 아이콘 ↓, ⊥, ⇣ 을 선택한다 (그림 4.18).

2) 캔버스 상에 시작점이 되는 엔티티 (혹은 프로세스)를 선택 후 (그림 4.19), 마우스를 이동하여 종착점이 되는 프로세스 (혹은 엔티티)를 선택한다 (그림 4.20). 연결 가능한 요소의 조합에는 일부 제한이 있다. 상세한 것은 표 4.1을 참조하기 바란다.

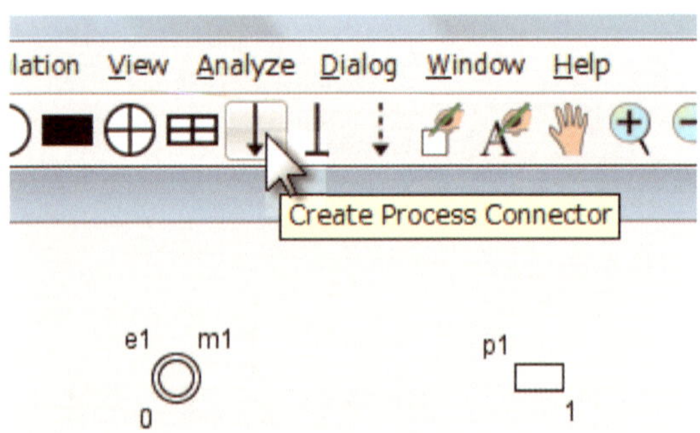

그림 4.18

그림 4.19

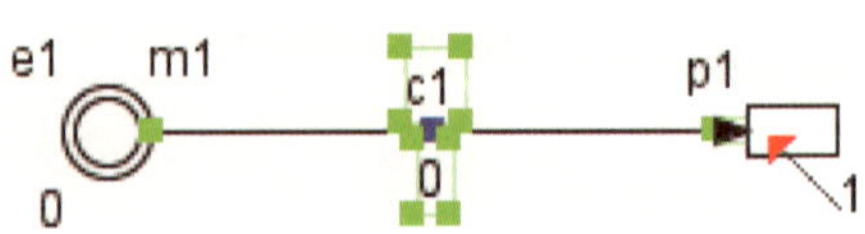

그림 4.20

4.3.2 모델의 편집과 캔버스의 조작

여기서는 캔버스 위에 배치된 요소들을 편집하기 위한 기본적인 조작을 학습하고자 한다.

4.3.2.1 요소의 편집

메인 윈도의 상부에 있는 상측 툴바에서 를 선택하면 캔버스가 요소 선택 상태 (element selection mode)로 된다.

4.3.2.2 요소의 선택과 이동

요소 선택 상태에서 요소를 마우스로 선택하고 그대로 드래깅 (dragging) 하여 요소를 이동시킬 수 있다. 혹은 Shift를 누르면서 키보드의 커서 키로 이동하는 것이 가능하다. 여러 개 요소의 주변을 마우스로 드래깅하거나, 혹은 개개의 요소를 Ctrl 키를 누르면서 선택하면 여러 개의 요소를 한꺼번에 선택할 수 있다.

4.3.2.3 요소의 Cut, Copy, Paste

요소를 선택한 상태에서 다음과 같은 방식으로 Cut, Copy, Paste를 하는 것이 가능하다.

1) 오른쪽 버튼을 클릭하여 [Cut], [Copy], 혹은 [Paste]를 선택한다.
2) 메뉴 바에서 [Edit] -> [Cut], [Copy], 혹은 [Paste]를 선택한다.
3) 자판에서 Ctrl+x, Ctrl+c, Ctrl+v를 누른다.

커넥터를 꺾인 화살표로 그리는 것이 가능하다. 예를 들면, 그림 4.20에서 커넥터의 c1 아래에 있는 작은 검은 사각형 ■을 마우스로 누른 채 이동하면 커넥터의 중간이 꺾여서 구부러지는 것이 가능하다.

4.3.2.4 기타 캔버스에서의 조작

상측 툴바에는 가장 많이 쓰이는 조작들을 모아 놓았다.

- "Edit parts": 이미 만들어진 세포 구성 요소의 세트를 표시한다.
- "Create Frame": 캔버스에 프레임을 작성한다.
- "Create Note": 캔버스에 주석을 작성한다.
- "Manual Move": 캔버스가 화면 크기를 초과하게 되었을 때 캔버스 상에서 표시되는 모델의 범위를 이동하며 보기 위해 사용한다. 비슷한 조작은 **네비게이션 대화 상자** (Navigation Dialog)에서도 가능하다.
- "Zoom In": 캔버스의 모델을 확대하여 표시한다.
- "Zoom Out": 캔버스의 모델을 축소하여 표시한다.
- "Reset Zoom": 캔버스의 모델을 처음 배율로 표시한다.
- "Fit Selection to Canvas Size": 선택한 요소를 중심으로 모델을 크게 확대하여 표시한다. 요소를 선택하지 않았을 때에는 모든 요소를 표시하도록 맞춰진다.
- "Group": 선택한 여러 개의 요소를 한 개의 그룹으로 만든다. 그룹 속의 요소를 한 개 선택하면 나머지 모든 요소도 자동으로 선택된다.
- "Ungroup": 그룹화된 요소를 그룹화 이전의 상태로 되돌린다.
- "Load Image": 화상을 읽어들여 캔버스에 추가한다.
- ❑ "Set Color": "Select Color Tool" 아이콘으로 선택한 요소의 속성에 대해 색깔을 바꾼다.
- , , "Select Color Tool": 요소의 어떤 부분을 "Set Color"로 색깔을 바꿀 것인지 정한다. 은 요소의 내부 색, 은 요

소의 테두리 색, 은 요소의 텍스트 부분의 색이다.

- "Set Stroke": 선택한 요소의 선의 굵기를 설정한다.
- "Toggle Grid Visible Status": 캔버스 격자의 표시 상태를 변경한다. 선택할 때에는 격자가 표시된다.
- "Toggle Antialiasing Status": 캔버스의 렌더링 (rendering)을 변경한다. 선택하면 윤곽을 부드럽게 하는 antialiasing을 적용한다.
- "Go To BioPACS": KEGG 데이터베이스에서 취급하는 대사계의 패스웨이를 BioPACS를 사용하여 Cell Illustrator에서 읽어들인다. BioPACS는 KEGG의 대사계 패스웨이 모델을 Cell Illustrator에서 사용할 수 있도록 자동으로 바꾸는 도구이다.

4.4 모델의 시뮬레이션

모델의 작성이 완료되면 드디어 시뮬레이션을 하게 된다. 여기서 시뮬레이션에 필요한 최소한의 설정과 실행 방법을 설명한다.

4.4.1 시뮬레이션의 설정

시뮬레이션의 설정은 **시뮬레이션 설정 대화 상자** (Simulation Settings Dialog) (그림 4.21)에서 한다. 이 대화 상자는 우측 툴바의 을 클릭하면 나타난다.

이 대화 상자에는 다음과 같은 8개의 설정 항목이 있다.

1) Sampling Interval
2) Chart Update Interval
3) Log Update Interval

4) Simulation Time

5) Continuous Weak Firing

6) Discrete Weak Firing

7) Firing Accuracy

8) Simulation Speed

일반적으로 설정이 요구되는 것은 **실행 시간** (Simulation Time)이다. 실행 시간은 시뮬레이션이 정지할 때까지의 시간의 설정이다. 예를 들면, 이 값을 100[pt]로 한다면 0[pt]에서 시작하고 100[pt]에서 멈춘다. 여기서 [pt]는 Petri net time을 의미하며 시뮬레이션에 걸리는 [초]와 같은 단위 시간이라고 생각하면 된다. 초기치는 1,000[pt]로 되어 있으나 본서에서 다루는 모델의 경우, 실행 시간은 100[pt]로 충분하다.

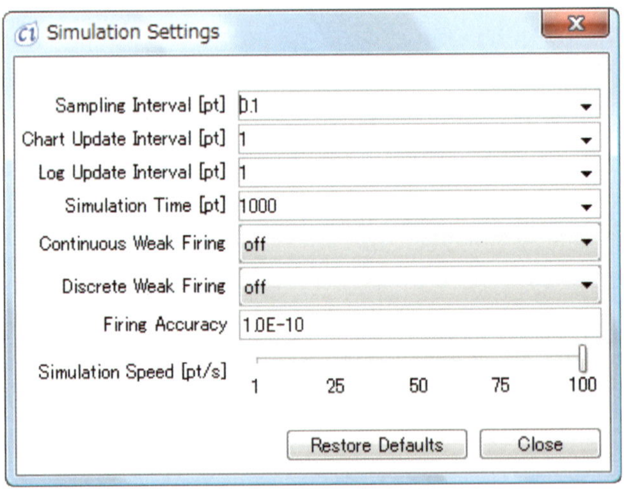

그림 4.21

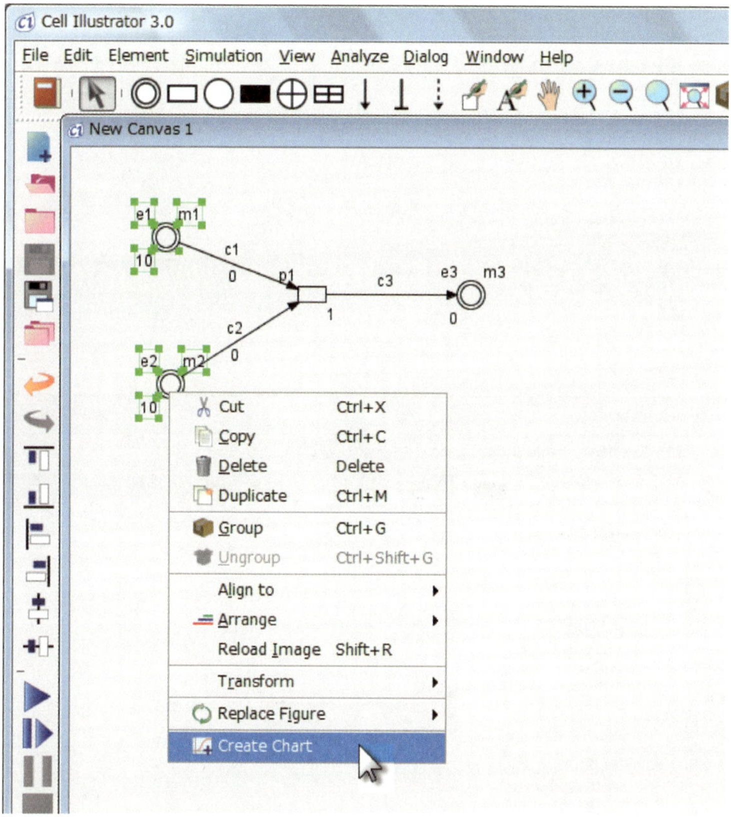

그림 4.22

4.4.2 그래프의 설정

일단 시뮬레이션의 실행을 시작하면 각 엔티티의 값이 시뮬레이션의 진행에 따라 변화한다. 이 변화를 Cell Illustrator에서는 그래프에 표시하는 것이 가능하다. 그래프의 작성 방법은 몇 가지 정도 있지만, 여기서는 가장 간단한 방법을 설명한다.

1 단계: 한 개의 그래프에 추가하고자 하는 엔티티를 캔버스 위에서 선택

한다. 복수 선택이 가능하다 (그림 4.22)

2 단계: 캔버스 위에서 오른쪽 클릭으로 [Create Chart]를 선택한다 (그림 4.22). 그러면 그림 4.23과 같은 그래프가 작성된다.

하지만, 이 방법으로는 작성된 그래프를 제거할 수 없다. 그래프의 편집과 제거는 **도표 설정 대화 상자** (Chart Settings Dialog) (우측 툴바의) 에서 행한다.

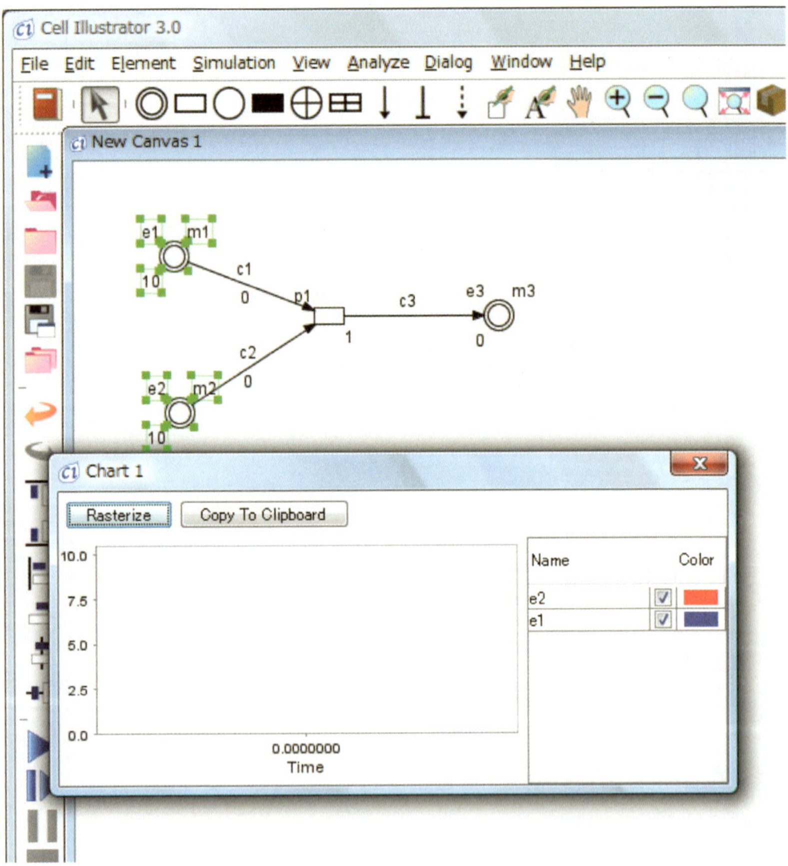

그림 4.23

4.4.3 시뮬레이션의 실행

시뮬레이션 설정과 그래프 설정이 완료되면 (그래프의 설정은 반드시 필요한 것은 아니지만) 이제 실행을 통해 모델을 평가할 시간이다. 서로 다른 실행 유형을 위해 왼쪽 툴바에 몇 개의 버튼이 준비되어 있다. ▶은 보통 속도의 실행, ●은 애니메이션을 동반한 실행, ▶▶은 빠른 실행, ▶▶▶은 가장 빠른 실행이다. ▌▶은 한 단계씩 실행, ●은 애니메이션을 동반한 한 단계씩 실행이다. 여기서 보통 속도라는 것은 1[pt]를 1초로 하는 속도를 의미한다. 빠른 실행의 속도는 실행하는 컴퓨터에 따라 다르다.

시뮬레이션 실행 전에 캔버스의 모델은 왼쪽 툴바의 **"캔버스의 보존** (Save Current Canvas)" 💾나 **"선택된 파일로 캔버스를 보존** (Save Canvas To Selected File)" 💾을 선택해 보존해야만 한다. 보존을 하지 않고 ▶을 이용해 실행하고자 할 때는 보존을 요구하는 대화 상자가 표시되므로 적당한 장소에 보존하면 된다. 시뮬레이션 실행 중에는 캔버스의 편집은 가능하지 않다. 시뮬레이션 정지를 위해서는 ■을 먼저 누르면 된다.

4.5 시뮬레이션 파라미터와 규칙

앞서 설명한 것처럼 엔티티와 프로세스를 캔버스에 배치하고 그들을 커넥터로 연결하는 것만으로도 시뮬레이션하는 것은 가능하다. 이 절에서는 시뮬레이션을 할 때 개개의 요소를 위해 필요한 최소한의 속성과 그 속성이 작용하는지를 설명한다.

4.5.1 이산 엔티티와 이산 프로세스를 사용한 모델의 작성

우선 다음의 단계를 밟아가며 그림 4.24와 같은 모델을 작성해 보자.

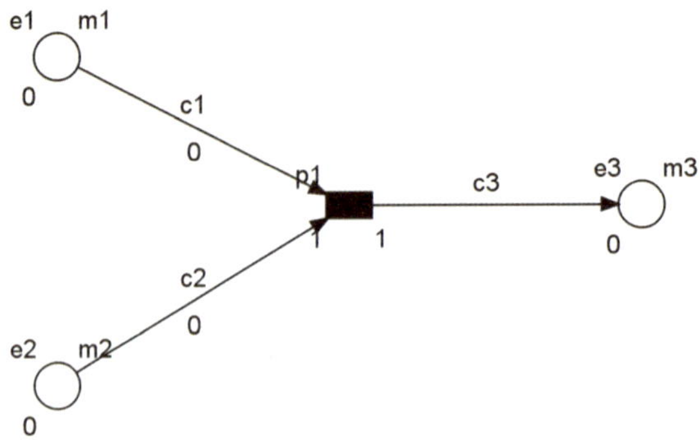

그림 4.24

1 단계: 3개의 이산 엔티티 e1, e2, e3을 캔버스에 배치한다.

2 단계: 1개의 이산 프로세스 p1을 캔버스에 배치한다.

3 단계: 왼쪽에 있는 두 개의 이산 엔티티 e1과 e2에서 이산 프로세스 p1로 프로세스 커넥터 c1과 c2를 연결한다.

4 단계: 이산 프로세스 p1에서 오른쪽에 있는 이산 엔티티 e3에 프로세스 커넥터 c3을 연결한다.

5 단계: 이산 엔티티 e1, e2, e3을 모두 선택하여 그래프를 작성한다 ([Create Chart]를 사용하여).

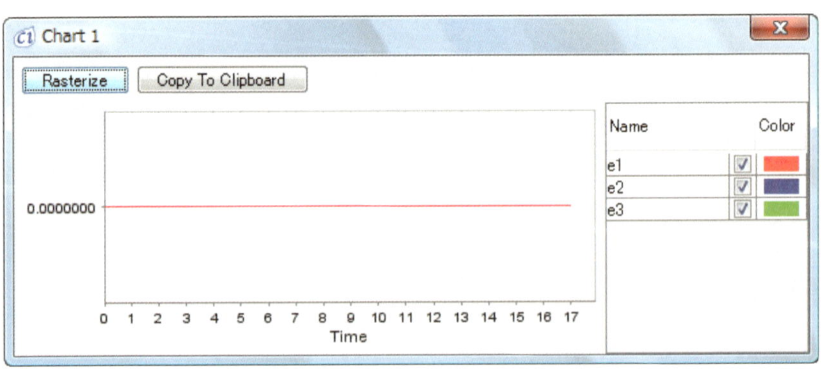

그림 4.25

모델을 다 그렸으면 보존하고 실행 버튼 (혹은)을 눌러 시뮬레이션을 실행한다. 그러나 그림 4.25처럼 모든 엔티티의 값은 0인 채로 변화하지 않는다.

4.5.1.1 초기치 (Initial Value)

그렇다면, 엔티티 e1과 e2의 **초기치** (initial value)를 그림 4.26과 같이 10으로 변경해 보다. 만약 아직 시뮬레이션 중이라면 우선 시뮬레이션을 을 이용하여 정지시키고, 각각의 초기치를 10으로 입력한다. 그리고 다시 실행 버튼 (혹은)을 누르면 그림 4.27과 같은 그래프가 나타난다. 엔티티 e1과 e2의 값은 0으로 떨어지고, 엔티티 e3의 값은 10까지 증가하지만, 그 이후에는 변화가 없다.

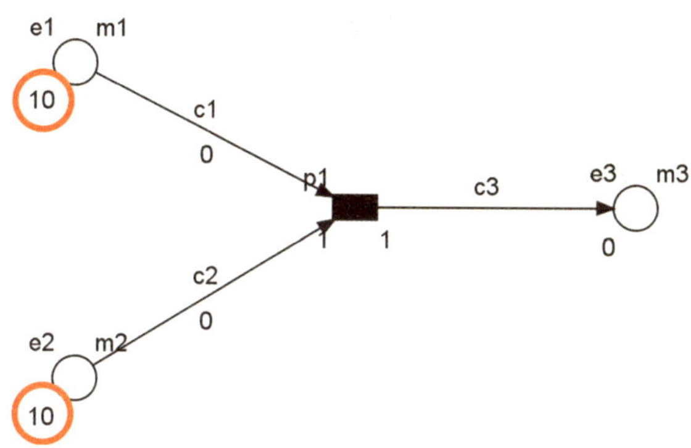

그림 4.26

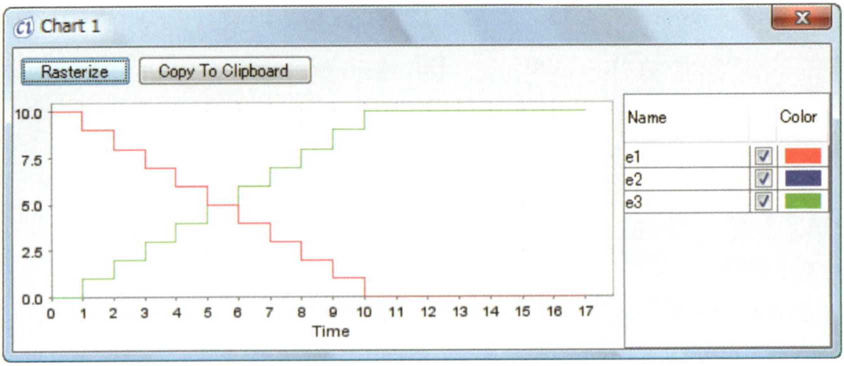
Chart 1
Rasterize
Copy To Clipboard
10.0
7.5
5.0
2.5
0.0
0 1 2 3 4 5 6 7 8 9 10 11 12 13 14 15 16 17
Time
Name
Color
e1
e2
e3

그림 4.27

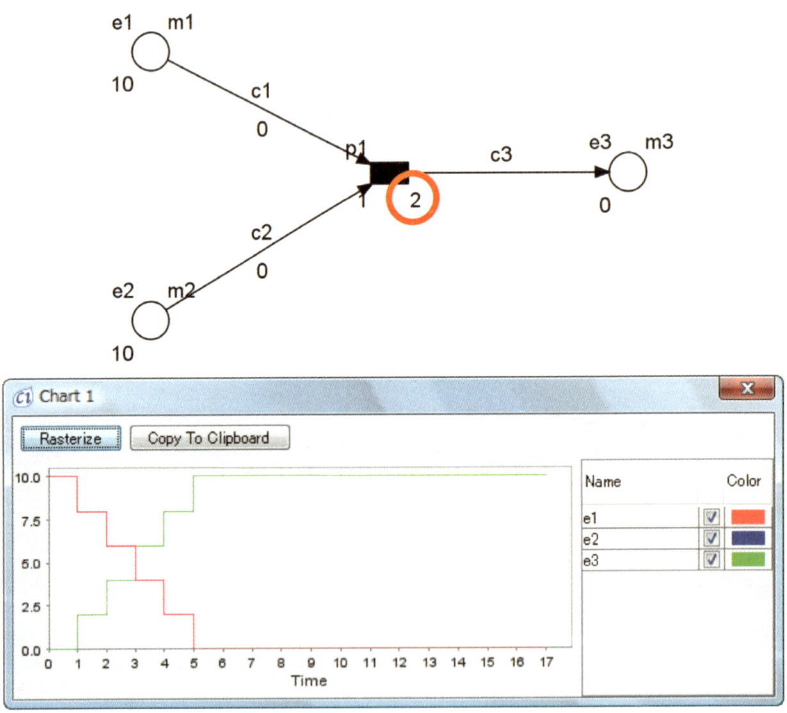
e1
m1
10
c1
0
p1
c3
e3
m3
1
2
0
c2
0
e2
m2
10
Chart 1
Rasterize
Copy To Clipboard
10.0
7.5
5.0
2.5
0.0
0 1 2 3 4 5 6 7 8 9 10 11 12 13 14 15 16 17
Time
Name
Color
e1
e2
e3

그림 4.28

4.5.1.2 속도 (Speed)

그림 4.27의 그래프를 보면 엔티티 e1과 e2의 값은 10[pt]일 때 0이 된다. 이번에는 프로세스 p1의 **속도** (Speed)를 1에서 2로 변경하고 나서 실행하여 그래프를 살펴보자. 그러면 그림 4.28에서 보이는 것과 같이 5[pt]에서 엔티티 e1과 e2의 값은 0이 되고, 엔티티 e3의 값은 10이 된다. 이것으로부터 알 수 있듯이, 속도는 e1과 e2의 감소와 e3의 증가를 한 번에 어느 정도 할 것인지 그 비율을 정하는 것이다.

4.5.1.3. 임계치 (Threshold)와 프로세스의 실행 조건

입력 커넥터 c1과 c2는 2개의 엔티티 e1과 e2를 각각 프로세스 p1에 연결하고 있다. 이들 커넥터의 **임계치** (Threshold)는 모두 0으로 되어 있다. 이제 커넥터 c1의 임계치를 5로 변경하고 실행한 뒤 그래프를 보자. 그러면 그림 4.29와 같이 각 엔티티 값은 3[pt] 이후에는 변화하지 않고 있다. 이것은 프로세스 p1이 **실행 가능** (*executable*)이 아니기 때문이다. 프로세스 p1이 실행 가능 (Petri net 이론에서는 **발화 가능** (firable)이라고 부른다)으로 되기 위해서는 다음의 2가지 조건을 만족해야 한다.

1) 프로세스 p1에 입력 커넥터로 연결된 엔티티 e1과 e2의 값은 각각 c1과 c2의 임계치보다 커야 한다.
2) 엔티티 e1과 e2의 값은 프로세스 p1의 속도 이상이 되어야 한다.

3[pt]의 시점에서 엔티티 e1과 e2의 값은 4가 된다. e2의 값은 c2의 임계치 0보다 크지만, 엔티티 e1의 값은 c1의 임계치 5보다 작다. 그러므로 프로세스 p1은 실행되지 않고, 프로세스 p1에 연결된 엔티티의 값은 변화하지 않는다.

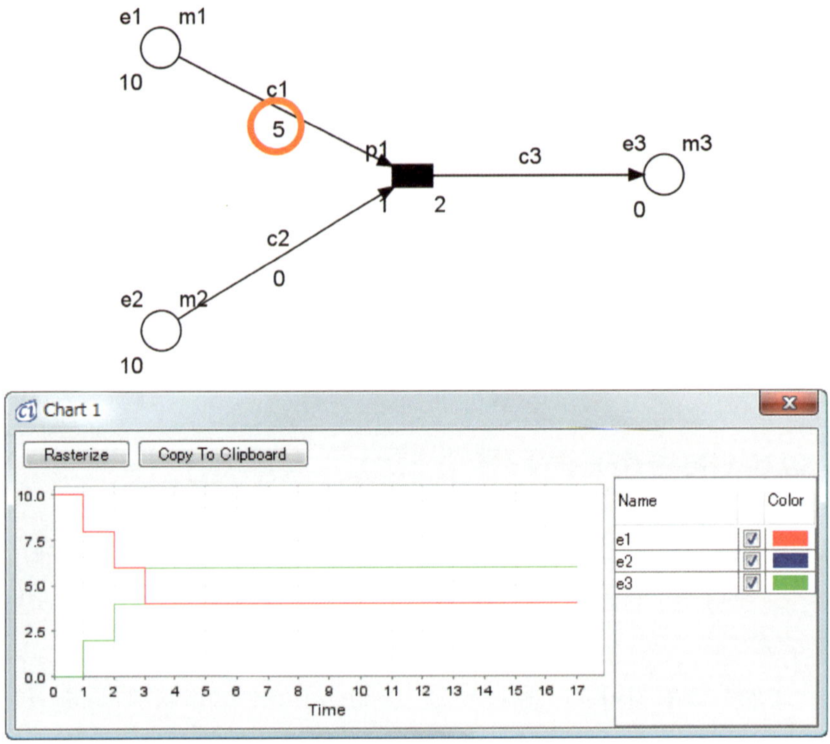

그림 4.29

다음으로, 엔티티 e2의 값을 5로 변경하고 실행해 보자. 그러면 그림 4.30과 같이 2[pt]의 시점에서 경고 메시지가 뜨고 정지하게 된다. 비록 2[pt]의 시점에서 엔티티 e1의 값은 6으로 입력 커넥터 c1의 임계치 5보다 크고 엔티티 e2의 값은 1로 입력 커넥터 c2의 임계치 0보다 크므로 최초의 조건은 만족하지만, e2의 값은 프로세스 p1의 속도 2보다 작다. 따라서 두 번째 조건이 만족되지 않아 시뮬레이션은 멈춘다. 만약 "□ Do not show this warning message for the model"에 체크를 하고 "No"를 누르면, 이 경고는 없어지고 시뮬레이션은 재개된다. 입력 커넥터가 3개 이상 있을 때도 마찬가지이다. 반면, 입력 커넥터가 하나도 없는 프로세스는 조건을 붙일 대상이 없어서 언제든 실행 가능으로 된다. 임계치는 정수일 필요는 없으며 음수가 아닌 실수이어도 상관없다.

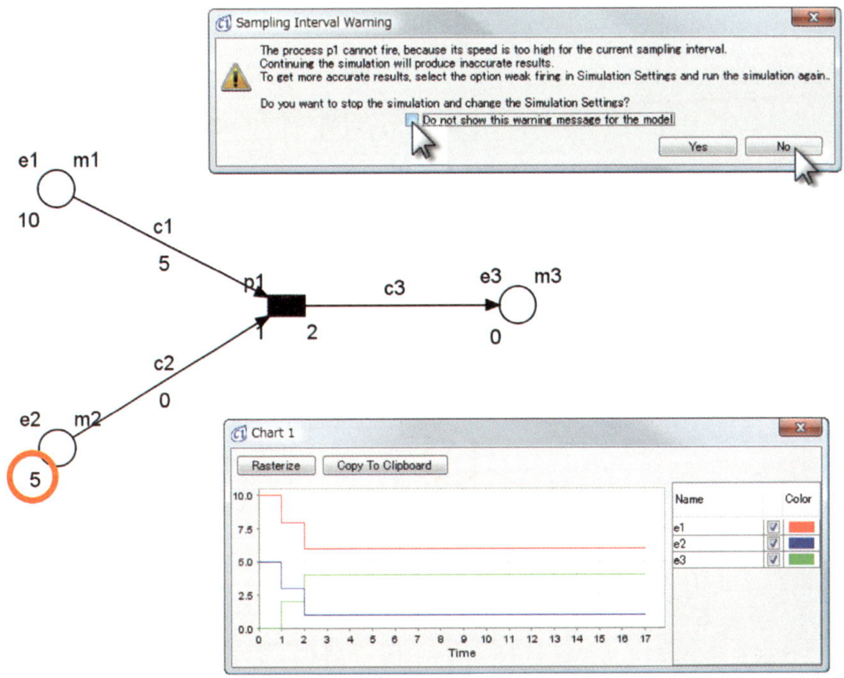

그림 4.30

4.5.1.4 지연 (Delay)

다음으로, 프로세스 p1의 **지연** (Delay)을 1에서 2로 변경시켜 실행하고 그래프를 확인해 보자. 그러면 그림 4.31과 같이 된다. 그림 4.30에서는 1[pt]마다 2씩 값이 감소하는 것에 대해, 그림 4.31에서는 2[pt]마다 2씩 값이 감소하고 있음을 알 수 있다. 그림 4.31에서는 2[pt]의 시점에서 엔티티 e1과 e2의 값은 각각 8과 3이 되고 프로세스 p1은 실행 가능이다. 2[pt] 후 4[pt]에 있는 엔티티들의 값은 프로세스의 속도로 주어진 2만큼 감소하여 각각 6과 1이 된다. 이것은 프로세스 p1이 일단 실행 가능이 되면 지연 값으로 주어진 2[pt] 뒤에 프로세스가 실행되기 때문이다. 예에서 보다시피, 지연은 실행 가능으로 되었을 때와 실제 실행을 할 때 사이의 시간을 의미한다. 일단 프로세스가 4[pt]에 도달하면 p1은 실행 가능이 아니므로 그대로 머물게 된다. 그림 4.30에서는 지연값은 1이다. 그러므로 프로세스가 실행 가능이 되고 나서 1[pt] 뒤에 실행되고 엔티티의 값은 매 1[pt] 마다 2씩 감소한다.

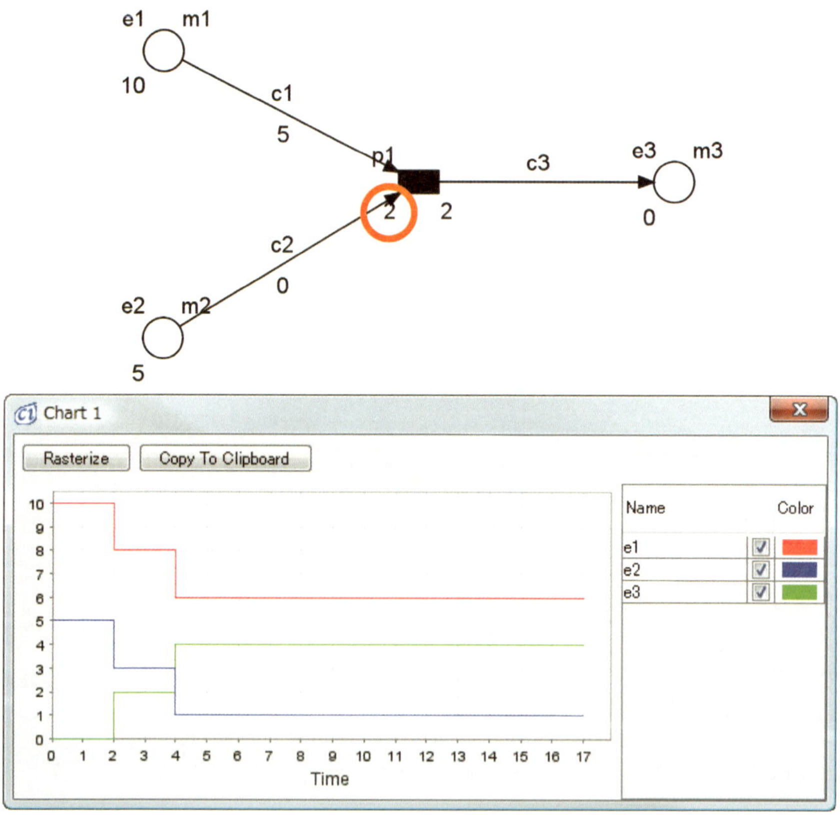

그림 4.31

4.5.2 연속 엔티티와 연속 프로세스를 사용한 모델의 작성

다음의 순서대로 그림 4.32의 모델을 작성해 보자.

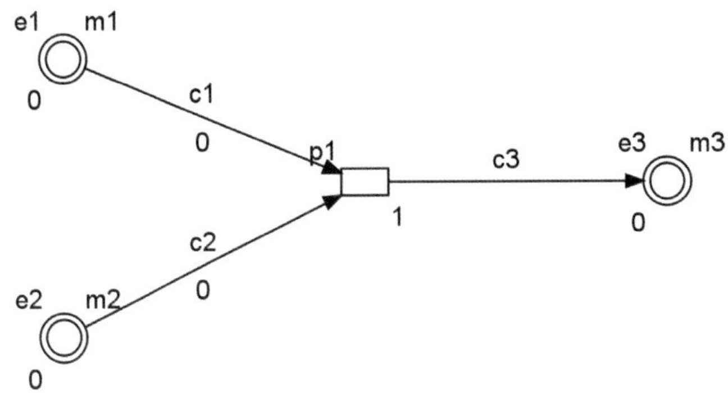

그림 4.32

1 단계: 3개의 연속 엔티티 e1, e2, e3을 캔버스에 배치한다.

2 단계: 1개의 연속 프로세스 p1을 캔버스에 배치한다.

3 단계: 왼쪽에 있는 2개의 연속 엔티티 e1과 e2에서 연속 프로세스 p1로 프로세스 커넥터 c1과 c2를 연결한다.

4 단계: 연속 프로세스 p1에서 오른쪽에 있는 연속 엔티티 e3으로 프로세스 커넥터 c3을 연결한다.

5 단계: 연속 엔티티 e1, e2, e3을 모두 선택하여 그래프를 작성한다 ([Create Chart]).

4.5.2.1 초기값 (Initial Value), 속도 (Speed), 임계치 (Threshold)

이산 엔티티의 값은 정수만 가질 수 있는 것에 대해, 연속 엔티티는 음수가 아닌 실수 값을 가질 수 있다. 이와 비슷하게 연속 엔티티는 **초기치** (Initial Value)도 임의의 음수가 아닌 실수 값을 가질 수 있다. 여기서는 e1과 e2

의 초기치를 10으로 하고 입력 커넥터 c1과 c2의 **임계치** (Threshold)를 각각 5와 0으로 설정해 둔다. 이산 프로세스는 속도와 지연의 2가지 속성을 가지지만, 연속 프로세스에서는 **속도** (speed)의 속성만 가지게 된다. 그림 4.33을 보면 프로세스 p1의 속도는 1로 설정되어 있다.

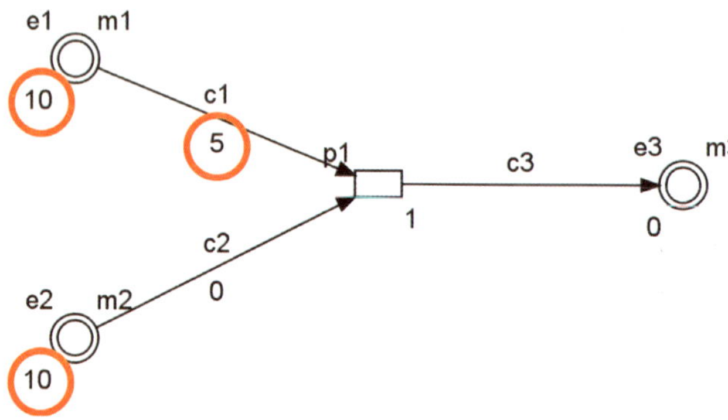

그림 4.33

4.5.2.2 프로세스의 실행 조건

입력 커넥터에 연결된 모든 엔티티의 값이 입력 커넥터의 임계치보다 클 때 연속 프로세스는 **실행 가능**이다. 프로세스가 실행 가능일 때 프로세스는 실행되고 이 실행으로 입력 커넥터에 연결된 각 엔티티의 값은 연속적으로 감소하고 출력 커넥터에 연결된 엔티티의 값은 연속적으로 증가한다. 비록 그림 4.33은 오직 한 개의 출력 커넥터를 가지고 있지만 두 개 이상일 때도 같이 증가한다. 그림 4.33의 모델을 실행함으로써 얻어진 결과 그래프는 그림 4.34와 같다. 엔티티 e1과 e2의 값은 초기값 10에서 속도 1로 연속적으로 감소하고 엔티티 e3의 값은 초기치 0에서 속도 1로 연속적으로 증가하고 있다. 엔티티 e1과 e2의 값이 5가 되는 5[pt]의 시점에서 프로세스 p1은 실행 가능이 아니다. 이산 프로세스는 실행 가능한 시점과 실제 실행 사이에 지연이 있으므로 그림 4.29와 같이 그래프는 계단식으로 된다.

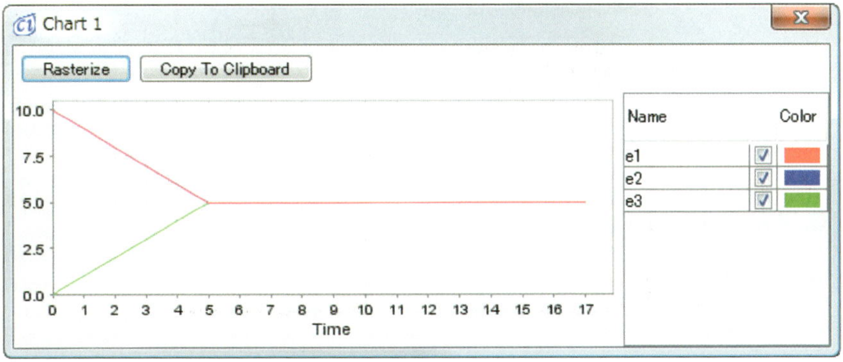

그림 4.34

4.5.3 이산과 연속의 개념

Cell Illustrator는 엔티티와 프로세스를 사용하여 이산과 연속 요소로 이루어진 혼합적인 현상을 나타낼 수 있다.

이산의 표현 (0, 1, 2,...)은 정수로 표현 가능한 현상에 적합하다. 예를 들면, 1분마다 표시가 달라지는 디지털 시계는 이산으로 나타낼 수 있다. 생물학적으로 분자량은 종종 이산 엔티티로 표현한다. 예를 들어, mRNA의 카피 수를 나타내기 위해 이산 엔티티를 사용할 수 있다. 혹은 전사 인자의 스위치 on/off 조절과 같은 것을 나타내기 위해 사용할 때도 있다.

한편, 연속은 지속적으로 변하는 농도나 값을 표현하기에 적합하다. ATP와 세포 내 다량으로 존재하는 분자는 숫자보다는 양으로 다루는 것이 더 합리적이다. 만약 이산이 디지털 시계라면 연속은 아날로그 시계이다.

이산과 연속의 차이를 그래프로 나타낸 것이 그림 4.35이다. 정수만을 사용하는 이산 그래프는 계단식이고 연속 그래프는 꺾임이 없는 매끄러운 직선이다.

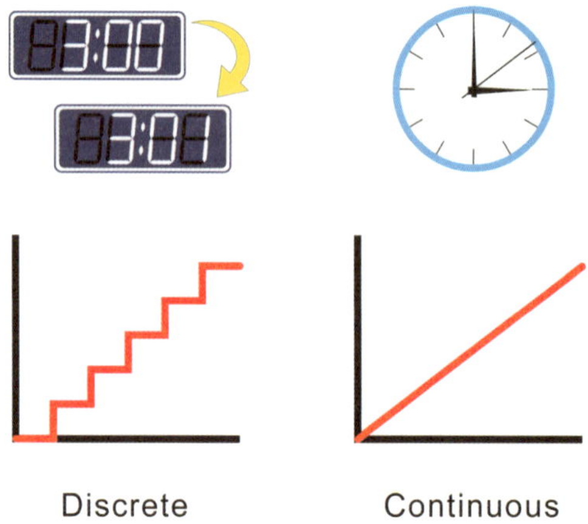

그림 4.35

4.6 아이콘 요소를 사용한 패스웨이의 모델링

4.2.6절에서 설명한 것처럼, Cell Illustrator는 mRNA나 단백질 같은 **생물학적 엔티티** (biological entity)와 인산화 같은 **생물학적 프로세스** (biological process)에 대한 아이콘을 제공하고 있다. 이렇게 아이콘화 된 요소를 **생물학적 요소** (biological elements)라고 부른다. 이러한 생물학적 요소를 사용하여 다음과 같은 순서로 모델을 간단히 작성해 보자.

1 단계: 우측 툴바의 을 선택한다. 그러면 그림 4.36과 같은 **생물학적 요소 대화 상자** (Biological Elements Dialog)가 나타난다.

2 단계: 이 생물학적 요소 대화 상자에는 그림 4.37에서 보는 것과 같이 엔티티, 프로세스, **세포 구성 요소** (Cell Component)의 3개의 탭이 있다. 엔티티와 프로세스 탭 아래에는 생물학적 요소의 유형이 이산, 연속, 혹은 범용 중 어느 것인지를 선택하는 **요소 유형** (Element Type) 항목이 있다. 세포 구성 요소는 세포에서 엔티티와 프로세스가 존재하는 장소를 표현할 때 사용한다. 선택한

세포 구성 요소 위에 적절히 요소를 놓음으로써, 요소의 세포 내 위치와 같은 정보를 가진 더 나은 모델의 작성이 가능하다.

3 단계: 이 대화 상자로부터 아이콘 요소를 선택하여 드래그 앤드 드롭을 하면 그림 4.38과 같이 캔버스에 요소를 추가할 수 있다.

선택한 아이콘 요소를 캔버스 위의 요소 위로 드롭핑 (dropping)하면, 본래 요소의 정보 (화상과 온톨로지)를 갱신할 수 있다. 이것을 알아두면 모델의 갱신 작업이 굉장히 빨라지게 될 것이다.

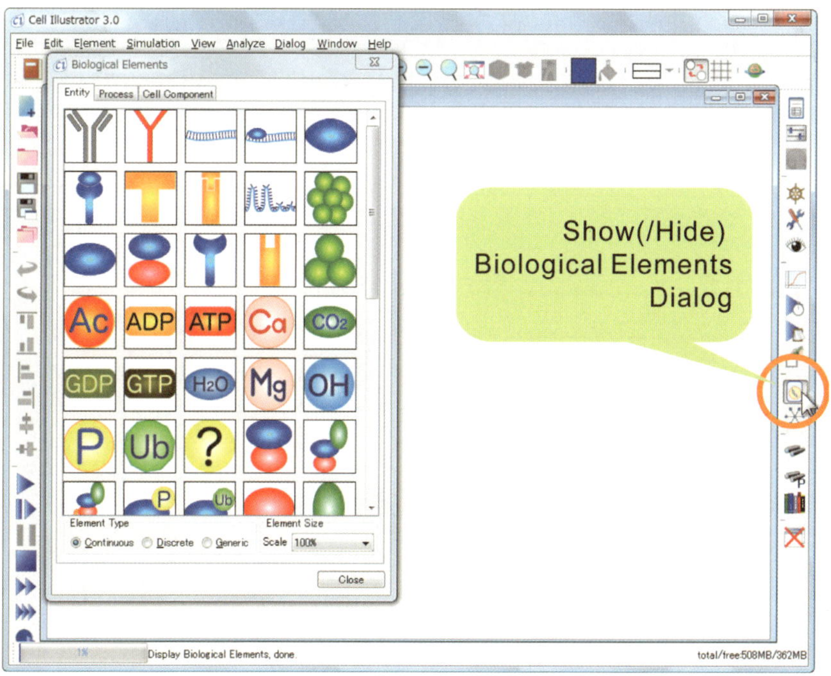

그림 4.36

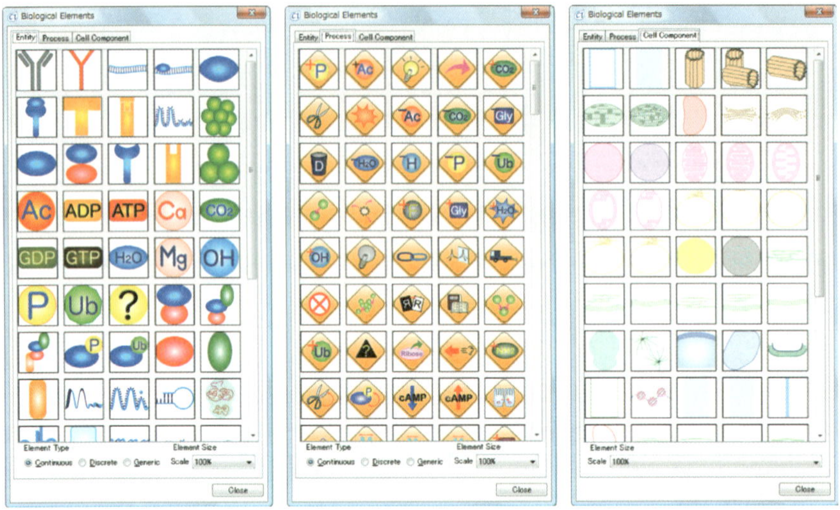
Biological Elements
Entity Process Cell Component
Element Type
Continuous Discrete Generic
Element Size
Scale 100%
Close

그림 4.37

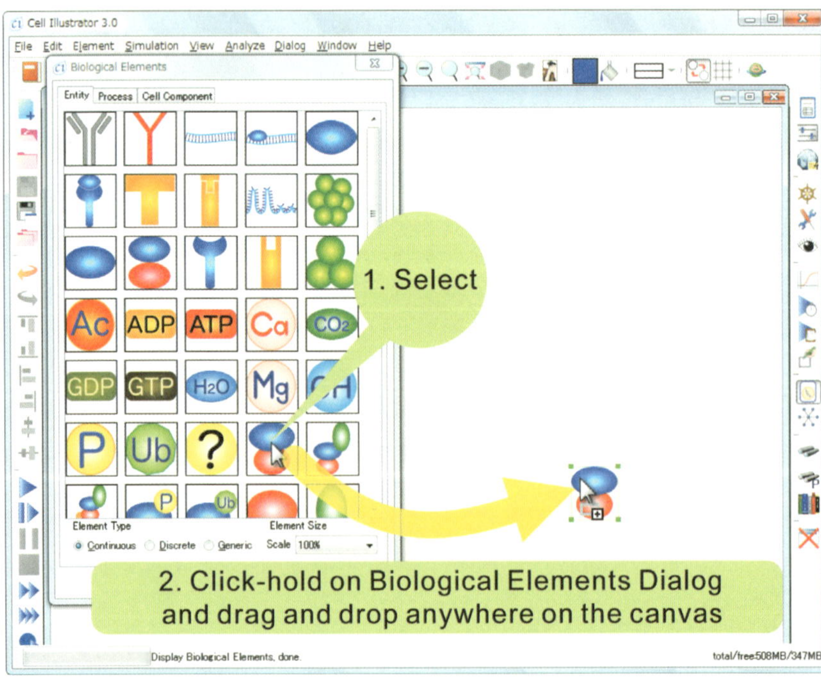
Cell Illustrator 3.0
File Edit Element Simulation View Analyze Dialog Window Help
Biological Elements
Entity Process Cell Component
1. Select
Element Type
Continuous Discrete Generic
Element Size
Scale 100%
2. Click-hold on Biological Elements Dialog
and drag and drop anywhere on the canvas
Display Biological Elements, done.
total/free:508MB/347MB

그림 4.38

COLUMN 3

온톨로지와 아이콘 요소

4.6절에서 아이콘 요소라는 것은 그림으로 표현한 요소라고 간단히 설명했다. 하지만, 실제로는 각 아이콘 요소는 미리 정의된 온톨로지 용어가 할당되어 있다. Cell Illustrator는 생물학적인 용어와 그들의 밀접한 관계를 정의하는 Cell System Ontology (CSO)라고 하는 온톨로지를 이용하고 있다. Cell Illustrator는 사용자가 특별히 의식하지 않고도 정보의 공유, 재이용, 모델 정합성의 확인과 같은 기능을 가진 패스웨이 모델을 작성하도록 온톨로지 기능을 구현하고 있다.

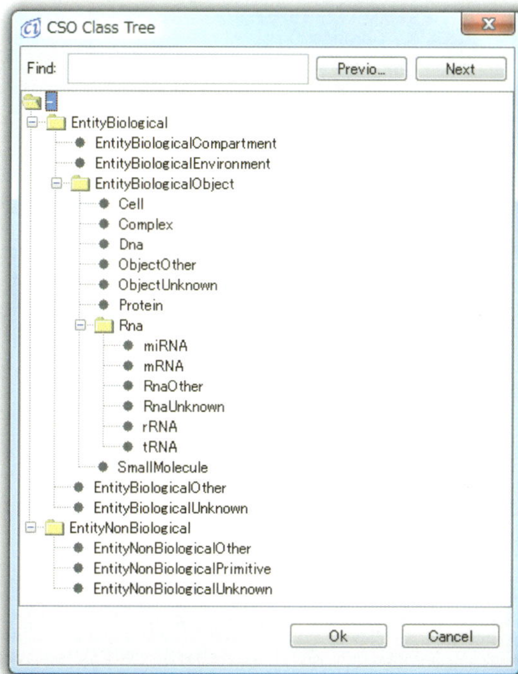

4.7 Cell Illustrator로 패스웨이 모델 작성하기

이 절에서는 Cell Illustrator를 사용하여 생체 내에 잘 알려진 몇 가지 반응을 모델링할 것이다. 이러한 예를 통하여 Cell Illustrator로 패스웨이를 모델링하는 방법을 배울 수 있을 것이다. 특별한 언급이 없다면 연속 엔티티와 연속 프로세스를 사용한다.

4.7.1 분해 (Degradation)

생체 내에는 mRNA 나 단백질 은 자연스럽게 분해되어 감소해 간다. 이러한 반응을 **분해** (degradation)라고 한다. 이 반응을 분해 프로세스 를 사용하여 다음과 같은 순서로 작성할 수 있다.

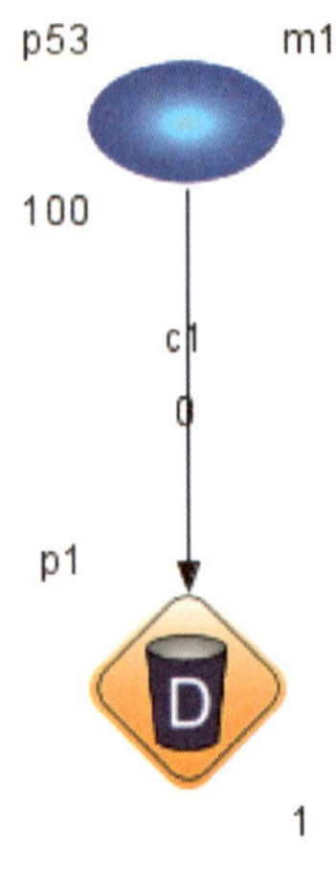

그림 4.39

1 단계: 엔티티 를 캔버스 위에 배치한다. 엔티티의 이름과 초기값을 (이름, 초기값) = (p53, 100)과 같이 적절하게 설정한다.

2 단계: 분해 프로세스 를 캔버스 위에 배치한다.

3 단계: 엔티티 p53 과 분해 프로세스 를 프로세스 커넥터 ↓로 연결한다.

4 단계: 분해 속도는 분해 프로세스 의 속도 속성을 설정해서 지정한다. 보통 초기값은 1이다.

이와 같이하여 그림 4.39의 모델이 작성된다.

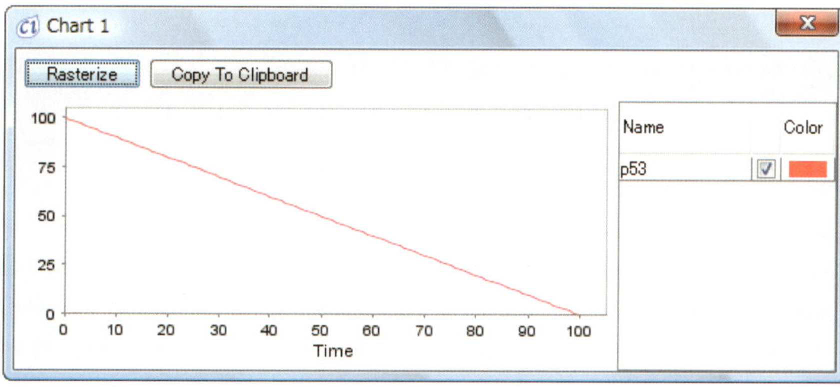

그림 4.40

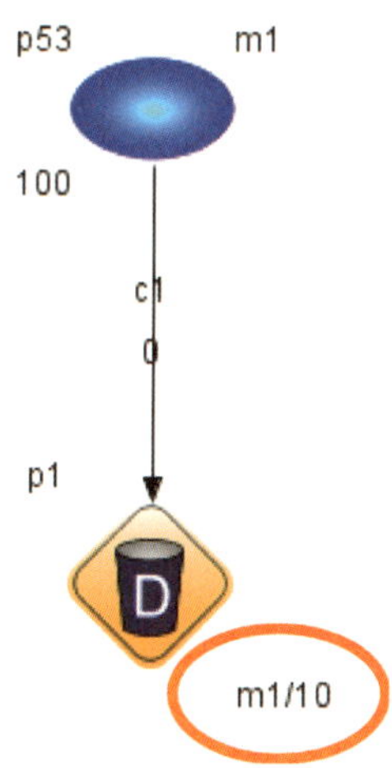

그림 4.41

p53 을 위한 그래프를 작성하고 모델을 실행한 결과는 그림 4.40과 같이 된다. 위의 모델에서는 p53 의 분해 속도가 p53 의 농도에 의존하지 않고 일정하다. 만약 좀 더 사실적으로 분해 속도가 p53 의 농도에 의존하도록 하려면, 분해 프로세스 의 속도를 "m1/10"과 같이 p53 에 대응하는 변수 m1을 사용하여 변경한다 (그림 4.41). 이 모델을 실행한 결과는 그림 4.42와 같이 된다.

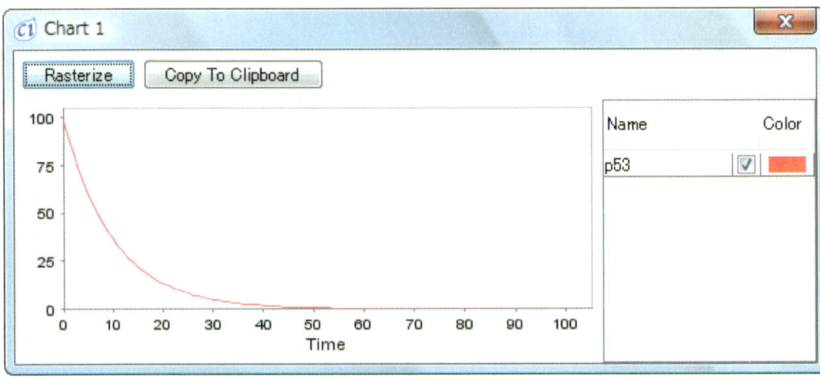

그림 4.42

4.7.2 이동 (Translocation)

생체 내에서 mRNA나 단백질은 세포질에서 핵, 핵에서 골지체 등 여러 장소로 이동한다. 이 과정을 **이동** (translocation)이라고 부른다. 이것을 이동 프로세스 를 사용하여 다음과 같은 순서로 모델링할 수 있다.

1 단계: 공통적인 세포 요소는 "Edit Parts" 을 눌러 [cells] -> [animal_cell_nucleus] (그림 4.43)를 선택한다. 생물학적 요소 대화 상자의 세포 구성 요소 탭에서 각 세포의 구성 요소를 1개씩 선택하여 배치하는 것도 상관없으나, 공통으로 자주 사용하는 조합은 에 준비되어 있으므로 이것을 사용한다.

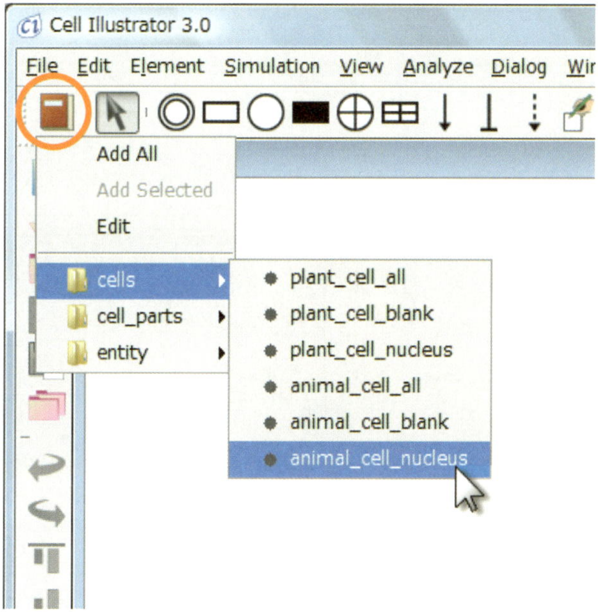

그림 4.43

2 단계: 엔티티 를 세포질 (cytoplasm)과 핵 내 (nucleoplasm)에 각각 놓고 이름을 "p53_cytoplasm"과 "p53_nuclear"로 각각 설정한다. 또 초기값을 세포질의 p53은 100으로 핵 속의 p53은 0으로 설정한다.

3 단계: 프로세스 를 핵막 부근에 놓고 적절하게 이름을 붙인다. 예를 들면, "translocation"이라고 한다. 또 세포질의 p53 과 이동 프로세스 를 프로세스 커넥터 c1로 연결하고, 이동 프로세스 와 핵 내의 p53 을 프로세스 커넥터 c2로 연결한다.

4 단계: 이동 속도를 프로세스의 속도로 하여 설정한다. 초기값은 1로 한다.

이 모델은 그림 4.44와 같이 된다. 핵 내의 p53 과 세포질의 p53 을 위한 그래프를 작성하고, 이 모델을 실행한 결과는 그림 4.45와 같이 된다.

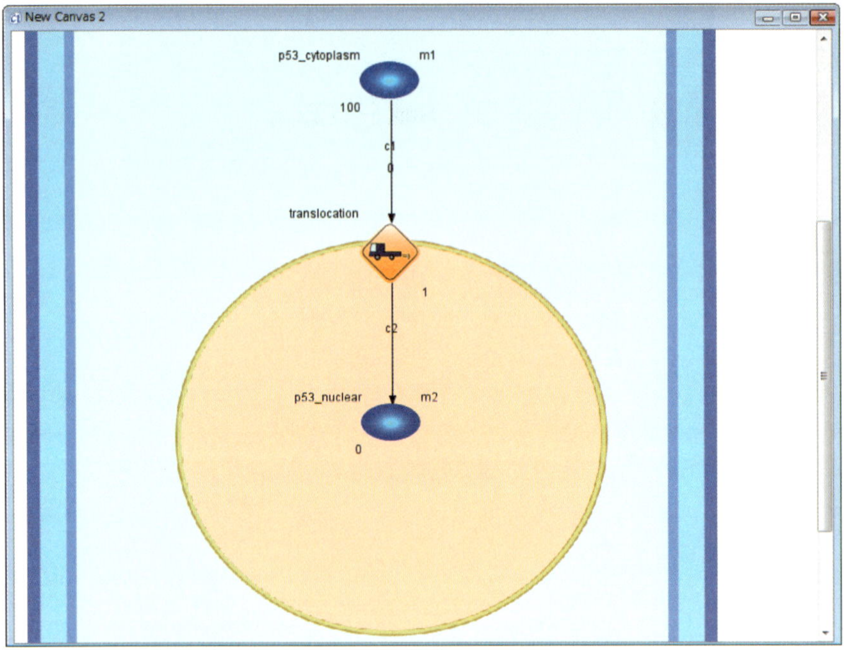

그림 4.44

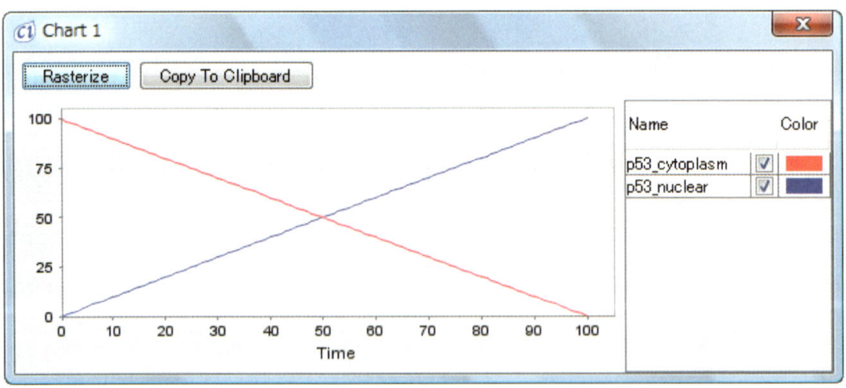

그림 4.45

만약 앞의 예와 같이 이동 속도가 세포질 내의 p53에 의존할 때에는 프로세스 의 속도를 “m1/10”과 같이 설정한다 (그림 4.46). 이 모델을 실행한 결과는 그림 4.47과 같이 된다.

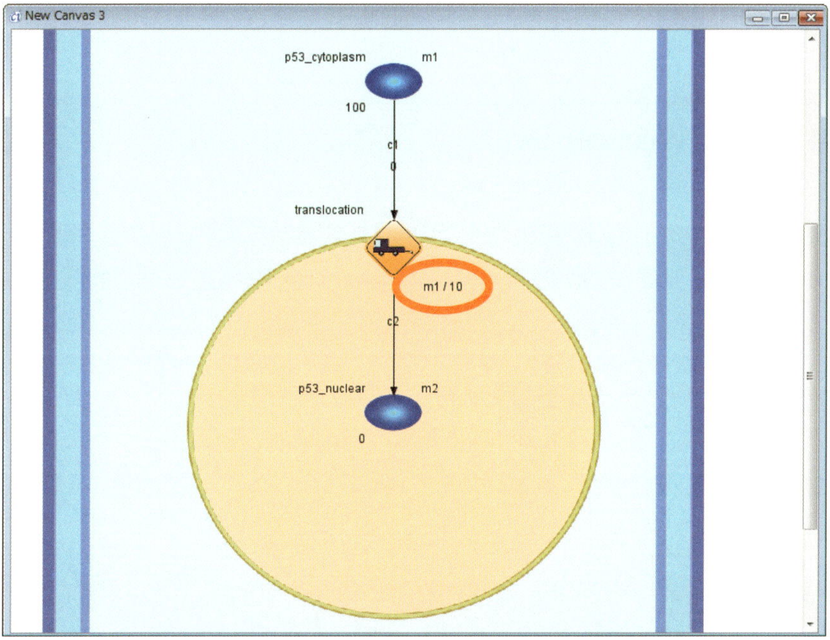

그림 4.46

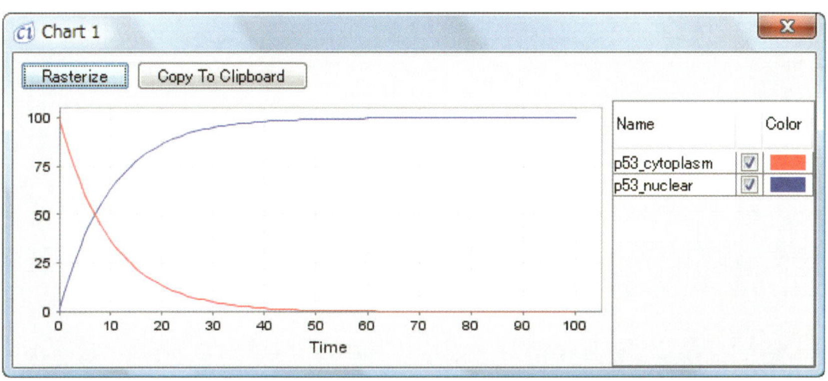

그림 4.47

또 1 단계와 2 단계에서 사용한 엔티티와 프로세스의 유형의 조합은 연결 규칙으로부터 (핵 내의 p53, 세포질의 p53, 이동 프로세스) = (이산, 이산, 이산), (이산, 이산, 연속), (연속, 이산, 이산), (연속, 이산, 연속), (연속, 연속, 연속)이 가능하다.

4.7.3 전사 (Transcription)

mRNA를 만드는 전사(transcription)를 나타내는 모델은 Cell Illustrator에서는 전사 프로세스 를 사용해서 다음과 같은 순서로 모델링한다.

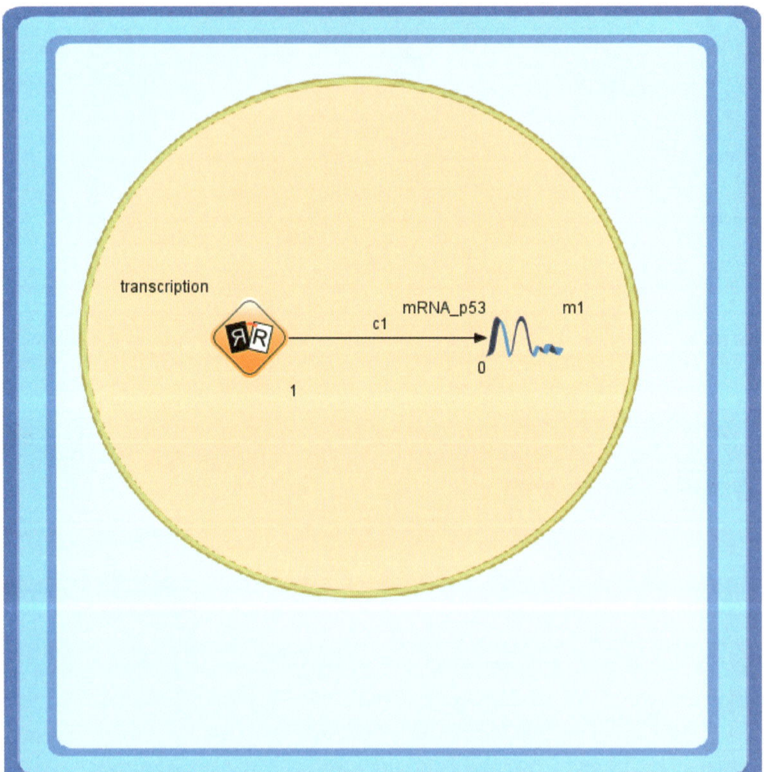

그림 4.48

1 단계: 세포 구성 요소를 배치하기 위해서는 상측 툴바의 "Edit Parts" 아이콘 을 눌러서 [cells] -> [animal_cell_nucleus]를 선택한다. 이 조작에 따라 적절한 세포 구성 요소가 캔버스에 놓인다.

2 단계: 전사 프로세스 를 캔버스 위에 놓고, 이름을 적절하게 설정한다. 예를 들어, "transcription"이라고 한다.

3 단계: 엔티티 을 캔버스 위에 놓고 이름을 "mRNA_p53"과 같이 적절하게 설정한다.

4 단계: 전사 프로세스 에서 엔티티 mRNA_p53 로 프로세스 커넥터를 연결한다.

5 단계: 전사의 비율을 전사 프로세스 의 속도 속성으로 설정하다. 보통 값은 1이 된다.

그 결과, 그림 4.48과 같은 모델이 만들어진다.

이 모델의 mRNA_p53 을 위한 그래프를 작성하고 시뮬레이션을 실행한 결과는 그림 4.49와 같이 된다.

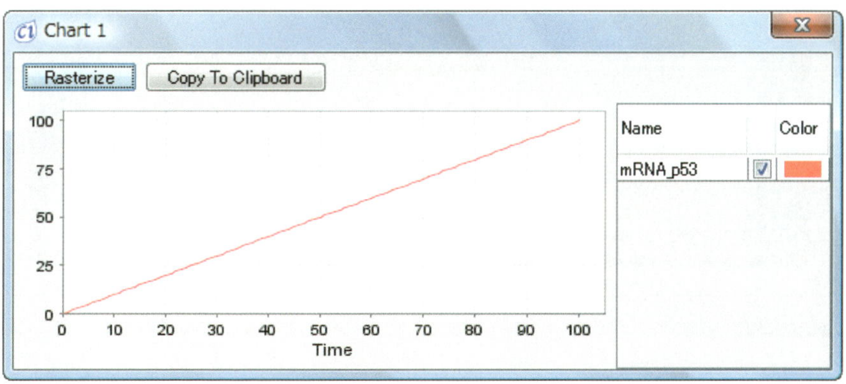

그림 4.49

연결 규칙에 따라 1 단계와 2 단계의 엔티티와 프로세스의 유형은 (transcription, mRNA_p53) = (이산, 이산), (이산, 연속), (연속, 연속)의 조합이 가능하다.

보통 생체 내에서 mRNA는 전사와 동시에 분해도 일어난다. 그림 4.50의 모델은 4.7.1절의 분해 모델을 위의 전사 모델에 합쳐 놓은 것이다. 이 모델을 실행시킨 결과는 그림 4.51과 같이 된다.

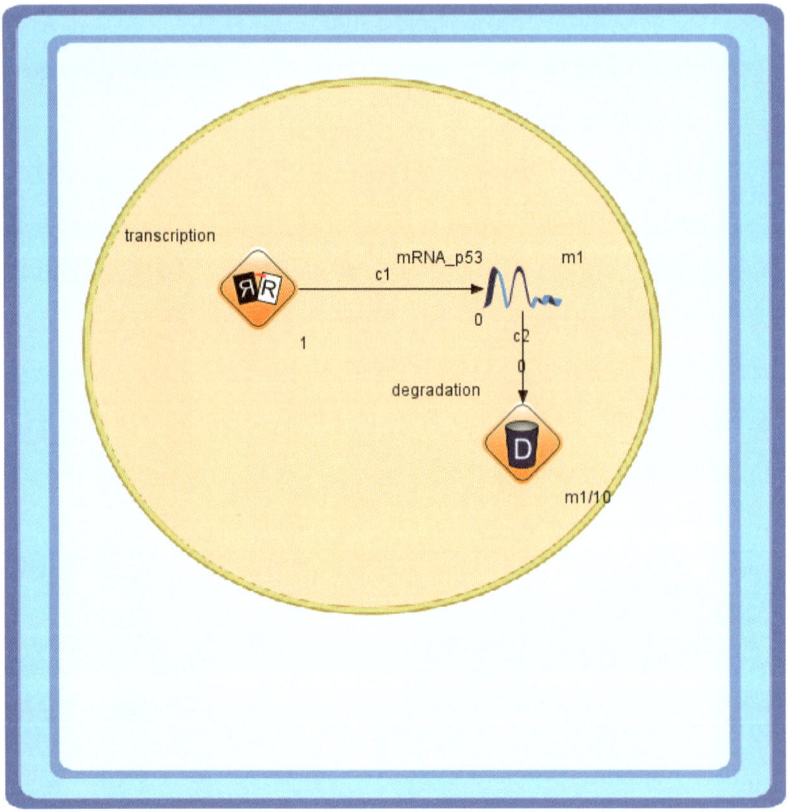

그림 4.50

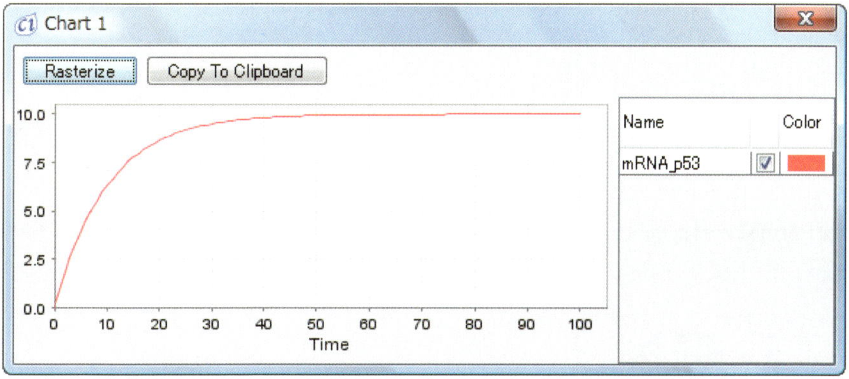

그림 4.51

비록 이 모델에서는 생성된 mRNA의 양만을 모델링하고 있으나, 범용 엔티티와 범용 프로세스를 사용하면 전사 중의 상태를 모델링하는 것이 가능하다. 본 장의 끝에 Column 5에서 범용 요소를 사용하는 방법을 가볍게 다루고 있으나, 이 주제는 본서의 범위를 넘어서므로 이 이상은 언급하지 않는다.

4.7.4 결합 (Binding)

생체 내에서는 종종 여러 개의 단백질이 결합하여 복합체를 형성한다. 이러한 현상을 **결합** (binding)이라 하고 결합 프로세스 를 사용하여 다음과 같은 방법으로 작성할 수 있다.

1 단계: 3개의 엔티티 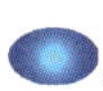, , 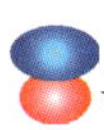를 캔버스 위에 놓는다. 엔티티의 이름과 초기값을 (이름, 초기값) = (p53, 100), (mdm2, 50), (p53_mdm2, 0) 같이 적절히 설정한다.

2 단계: 프로세스 를 캔버스 위에 놓는다. 프로세스의 이름을 적절하게 설정한다. 예를 들어 "binding"이라고 한다.

3 단계: 엔티티 p53 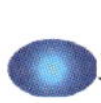과 mdm2 를 각각 결합 프로세스 에 프로

세스 커넥터로 연결한다. 그리고 결합 프로세스 에서 엔티티 p53_mdm2 에 프로세스 커넥터를 연결한다.

4 단계: 결합 속도를 결합 프로세스 의 속도 속성으로 설정한다. 보통 1로 설정한다.

그 결과는 그림 4.52와 같다.

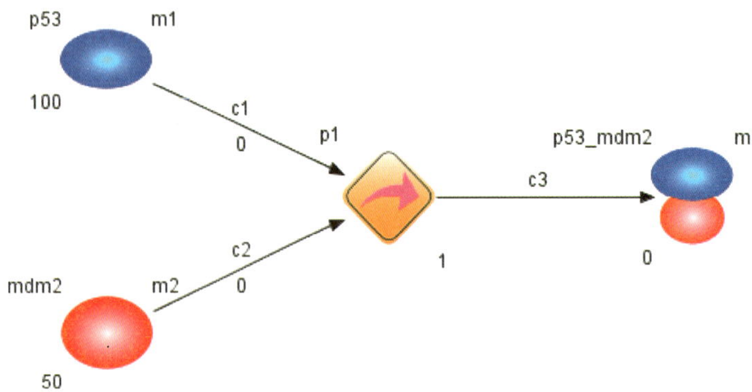

그림 4.52

이 모델의 모든 엔티티에 관한 그래프를 작성하여, 시뮬레이션을 실행한 결과는 그림 4.53과 같이 된다.

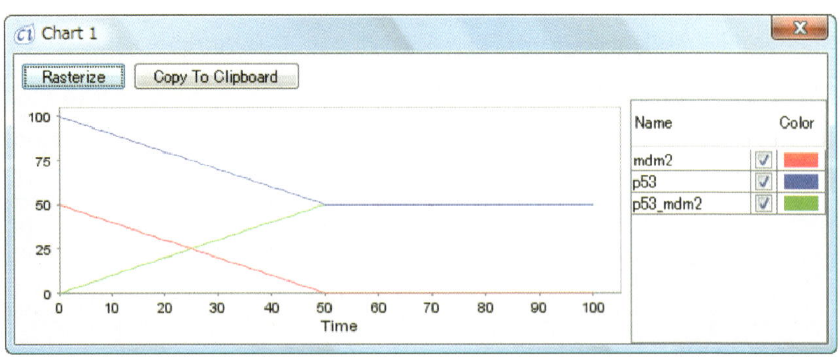

그림 4.53

만약 결합 속도가 엔티티 p53 (변수 m1)과 엔티티 mdm2 (변수 m2)의 값에 의존할 때는 결합 속도를 (m1*m2)/300 (300은 임의의 상수)과 같이 설정하는 것이 가능하다. 이때 모델은 그림 4.54와 같이 되고, 이 모델을 실행한 결과는 그림 4.55와 같이 된다.
또 1 단계와 2 단계에서 가능한 요소의 조합은 9개이다. 자세한 내용은 독자에게 연습 문제로 남긴다.

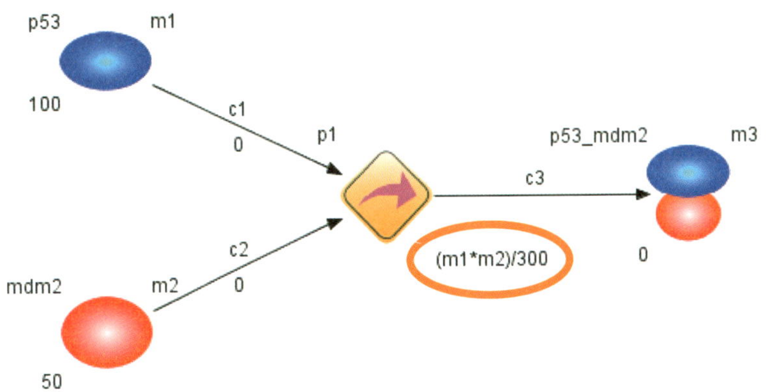

그림 4.54

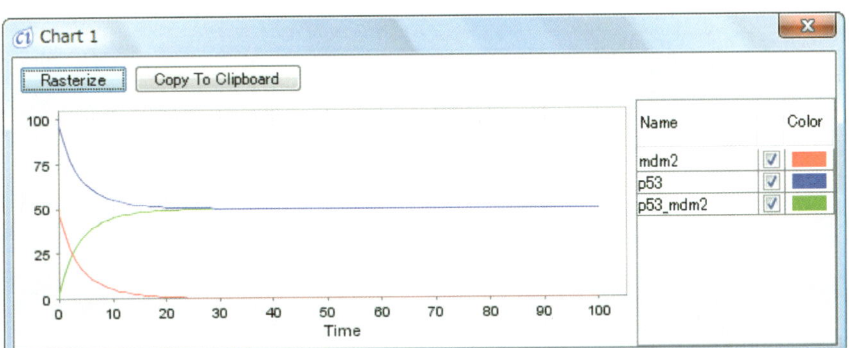

그림 4.55

4.7.5 해리 (Dissociation)

생체 내에서는 결합하여 생긴 복합체는 종종 다시 개개의 단백질로 해리된다. 이 현상을 **해리** (dissociation)라고 하고, 해리 프로세스 를 사용하여 다음과 같은 순서로 모델을 작성하는 것이 가능하다.

1 단계: 3개의 엔티티 , , 을 캔버스 위에 놓는다. 엔티티의 이름과 초기값을 적절하게 설정한다. 예를 들어 (이름, 초기값) = (p53, 50), (mdm2, 0), (p53_mdm2, 50)으로 한다.

2 단계: 해리 프로세스 를 캔버스 위에 놓는다. 프로세스의 이름을 적절하게 설정한다. 예를 들어 "dissociation"이라고 한다.

3 단계: 엔티티 p53_mdm2 에서 프로세스 에 프로세스 커넥터를 연결한다. 그리고 프로세스 에서 엔티티 p53 과 엔티티 mdm2 로 프로세스 커넥터를 연결한다.

4 단계: 해리 속도를 해리 프로세스 의 속도 속성으로 설정한다. 보통의 값은 1로 한다.

그 결과 그림 4.56과 같이 된다.

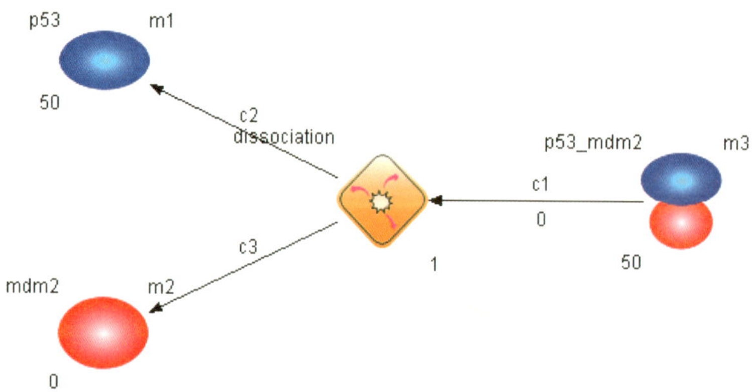

그림 4.56

이 모델의 모든 엔티티를 위한 그래프를 작성하여 시뮬레이션을 실행한 결과는 그림 4.57과 같이 된다.

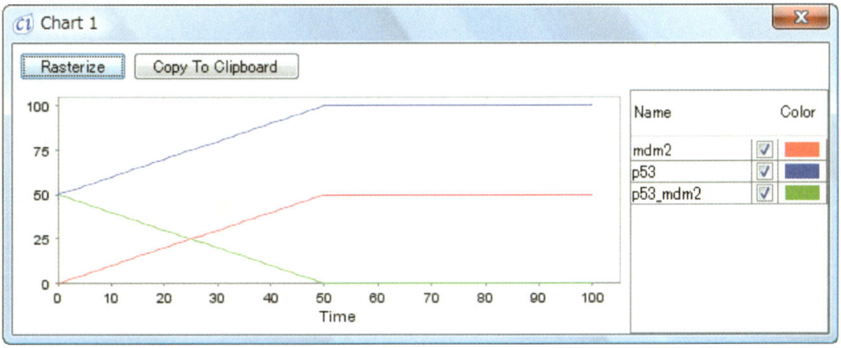

그림 4.57

만약 해리 속도가 복합체 p53_mdm2  (변수 m3)에 의존하고 있다면 해리 속도를 m3/20 (20은 임의의 상수)과 같이 설정하는 것이 가능하다. 이때 모델은 그림 4.58과 같이 되고 이 모델을 실행한 결과는 그림 4.59와 같이 된다.

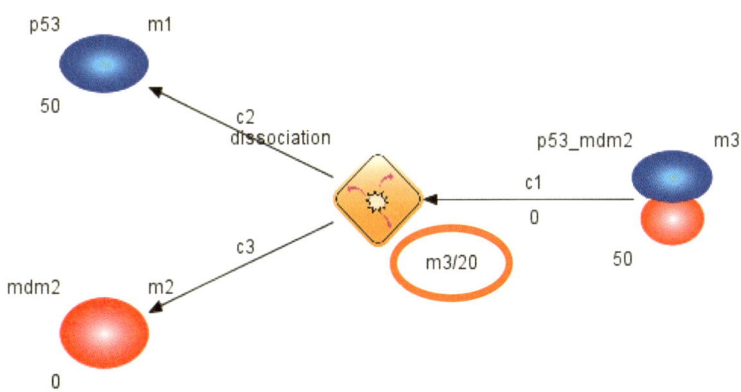

그림 4.58

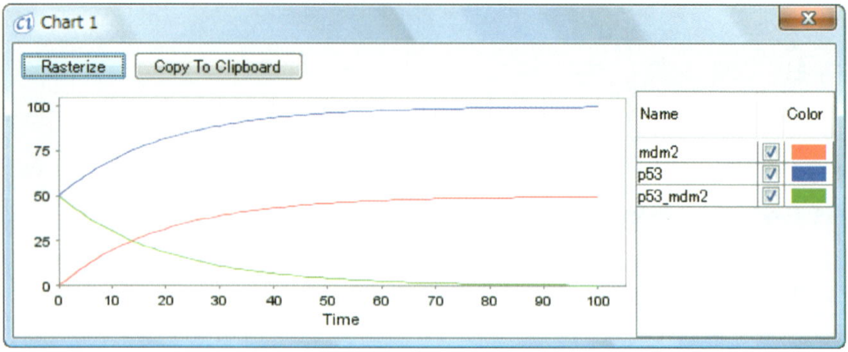

그림 4.59

앞서 결합의 모델과 마찬가지로 1 단계와 2 단계에서 엔티티와 프로세스 유형 사이에는 9개의 조합이 가능하다.

단, 엔티티와 프로세스의 유형이 모두 이산일 때, 해리의 속도가 복합체 p53_mdm2에 완전히 의존하는 모델을 재현하는 것은 가능하지 않으므로 주의가 요구된다.

4.7.6 억제 (Inhibition)

이제까지의 모든 모델에서 사용한 커넥터는 프로세스 커넥터뿐이었다. 이 예에서는 남은 2개의 커넥터 중 프로세스를 억제하는 역할을 하는 **억제 커넥터** (Inhibitory Connector)를 사용하는 모델을 설명한다.

생체 내에서는 특수한 약제로 전사 반응을 억제할 수 있다. 4.7.3절에서 작성한 모델에 억제 커넥터를 추가하여 수정함으로써, 이 전사 반응을 모델링해 보자.

1 단계: 엔티티 ◎을 캔버스 위에 추가한다. 엔티티의 이름을 적절히 설정한다. 예를 들어 "doxorubicin"이라 한다.

2 단계: 프로세스 ▭를 캔버스에 추가하고 이 프로세스로부터 엔티티

doxorubicin ◎에 프로세스 커넥터를 연결한다.

3 단계: 엔티티 doxorubicin ◎에서 전사 프로세스 로 억제 커넥터 ⊥을 연결한다. 억제 커넥터의 임계치 속성은 보통 0으로 한다.

4 단계: 전사 프로세스 에서 엔티티 mRNA 에 프로세스 커넥터를 연결한다.

그 결과는 그림 4.60과 같이 된다.

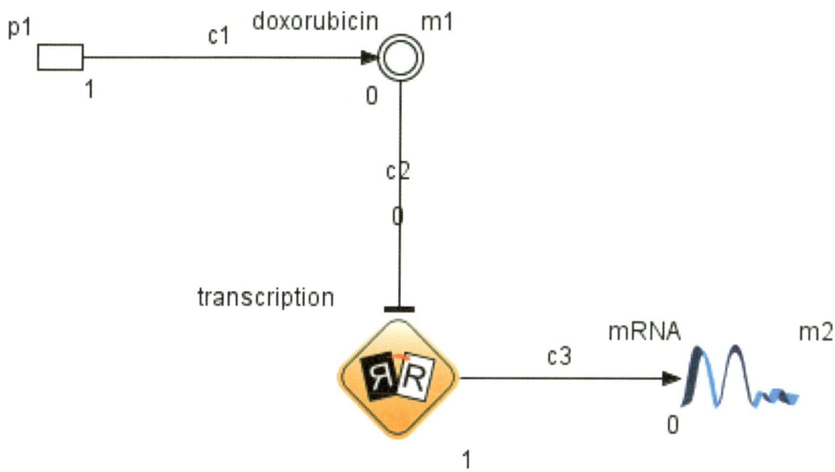

그림 4.60

억제 커넥터는 어떤 프로세스의 실행을 억제하는 작용을 한다. 어떤 프로세스를 억제할 것인지 여부는 연결의 시작점인 엔티티와 억제 커넥터의 임계치를 비교하여 정해지는데, 만약 엔티티의 값이 임계치보다 클 때는 억제가 작용한다. 즉 프로세스는 실행되지 않는다.

이번 모델에서는 그림 4.60과 같이 엔티티 doxorubicin ◎의 초기값은 0이므로 처음에는 전사 프로세스 가 실행되지만, 곧바로 엔티티 doxorubicin ◎의 값이 0보다 크게 되므로 전사 프로세스 는 그림 4.61과 같이 즉시 멈춘다.

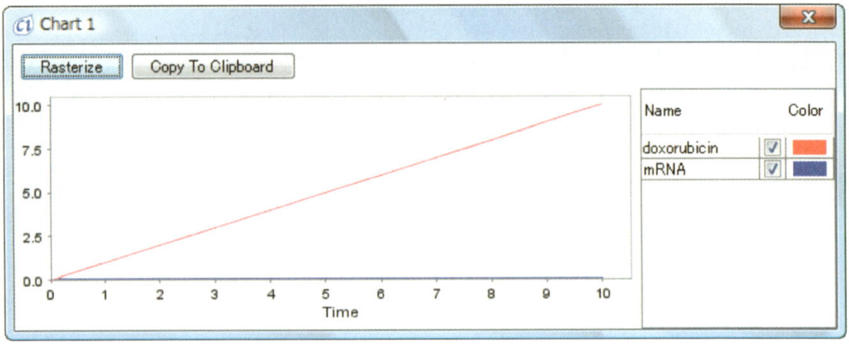

그림 4.61

약제의 강도는 억제 커넥터의 임계치를 통해 설정 가능하다. 예를 들어 임계치를 0에서 5로 변경하면 (그림 4.62), 그 약제는 값이 5나 그 이상으로 되지 않으면 효과가 없게 되므로 약한 약제라고 부르게 된다 (그림 4.63).

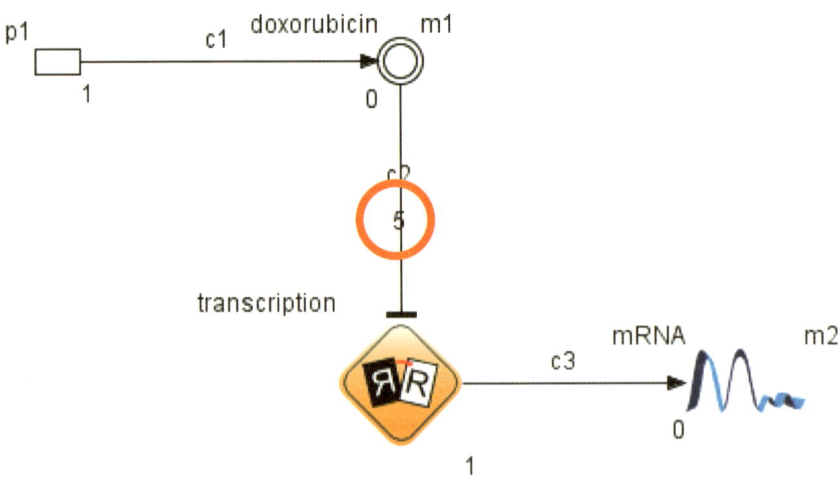

그림 4.62

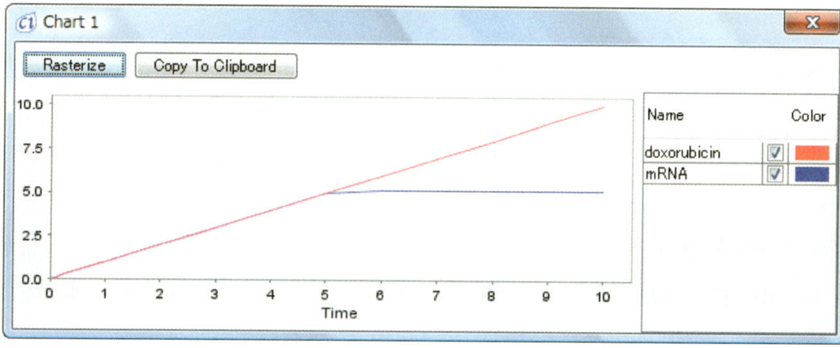

그림 4.63

또 1단계와 3단계에서 추가한 프로세스 □과 엔티티 doxorubicin ◎의 조합에는 (이산, 이산), (이산, 연속), (연속, 연속)이 가능하다.

4.7.7 효소 작용에 따른 인산화

이 예에서는 아직 사용하지 않고 남은 커넥터인 **보조 커넥터** (Association Connector)를 사용하여 모델을 설명한다.

효소 반응은 생체의 중요한 현상의 하나이다. 효소 반응에서 효소 자신은 양적 변화가 없으나 대상으로 하는 반응을 촉진하는 역할을 한다. 이러한 모델은 보조 커넥터를 사용해서 간단히 모델링할 수 있다. 여기서는 효소 과 인산화 프로세스 를 사용해서 모델을 작성한다.

1 단계: 2개의 엔티티 와 을 캔버스에 배치한다. 엔티티의 이름, 초기값을 (이름, 초기값) = (p53, 10), (p53{p}, 0)과 같이 적절히 설정한다.

2 단계: 인산화 프로세스 를 캔버스 위에 배치한다. 프로세스의 이름을 "phosphorylation"이라고 한다. 그리고 엔티티 p53 에서 phosphorylation 으로, 또 이 phosphorylation 에서 엔티

티 p53{p} 까지 각각 프로세스 커넥터로 연결한다.

3 단계: 효소 반응의 속도를 phosphorylation 의 속도 속성을 변경하는 것으로 지정한다. 보통 값은 1이다.

4 단계: 또 다른 엔티티 을 캔버스 위에 추가하고 그 이름을 "CAK"라고 한다.

5 단계: 번역 프로세스 를 캔버스 위에 추가하고 이 번역 프로세스 에서 엔티티 CAK 으로 프로세스 커넥터를 연결한다.

6 단계: 엔티티 CAK 에서 프로세스 phosphorylation 에 보조 커넥터 을 연결한다.

7 단계: 보통 보조 커넥터를 연결하면 자동으로 0이라는 임계치가 입력된다. 보조 커넥터의 임계치를 0으로 그대로 이용할 때도 있지만, 여기서는 임계치의 역할을 설명하기 위하여 1로 설정한다.

그 결과 그림 4.64의 모델이 가능하다.

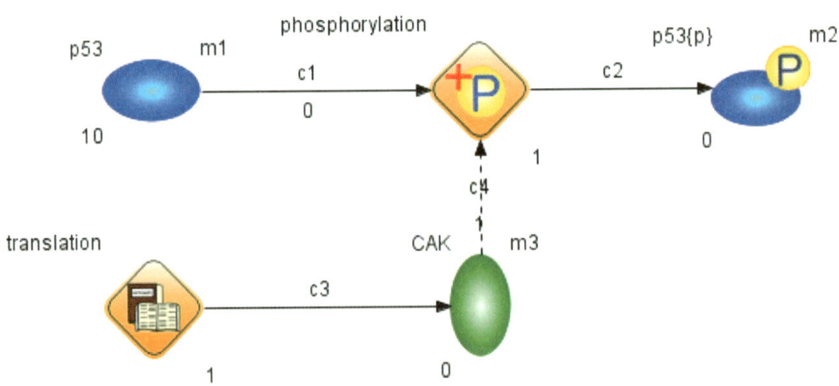

그림 4.64

보조 커넥터는 연결된 프로세스의 실행을 촉진하는 작용을 한다. 연결된 프로세스를 촉진할지 여부는 연결의 시작점에 있는 엔티티의 값과 보조 커넥터 임계치의 비교에 따라 이루어지며, 엔티티의 값이 임계치보다 클 때 연결된 프로세스가 실행 가능으로 된다. 여기까지는 프로세스 커넥터와 같지만, 보조 커넥터에 연결된 프로세스가 실행 (여기서는 phosphorylation)되어도 엔티티 (여기서는 CAK)의 값에 변화가 일어나지 않는 점이 프로세스 커넥터에 연결된 경우와 다르다.

이 모델의 모든 엔티티의 그래프를 작성하여 시뮬레이션을 실행한 결과는 그림 4.65와 같다.

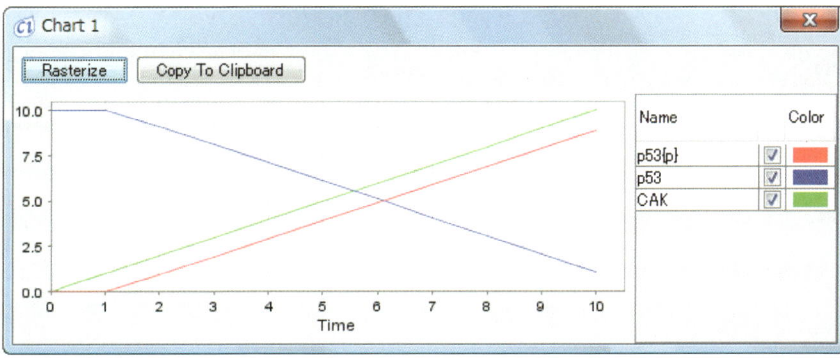

그림 4.65

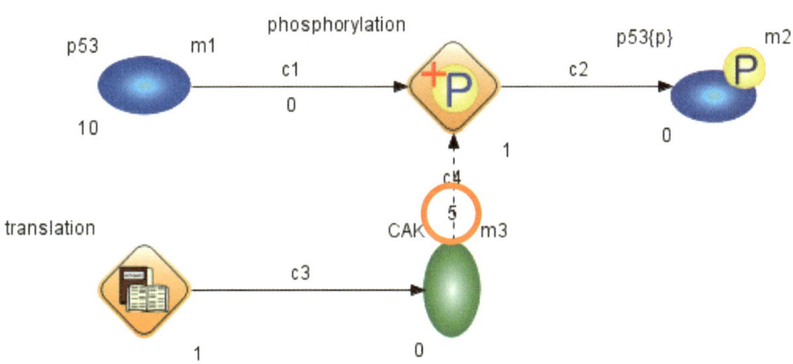

그림 4.66

이번 모델에서는 그림 4.64와 같이 엔티티 CAK 의 초기값은 0이므로 보조 커넥터 의 임계치보다 작아서, 실행 개시 직후에는 보조 커넥터 이 활성화되지 않아 인산화 프로세스 이 실행되지 않았다. 그러나 곧바로 CAK 의 값이 1보다 크게 되어 보조 커넥터 의 임계치를 넘기 때문에 인산화 프로세스 은 실행된다.

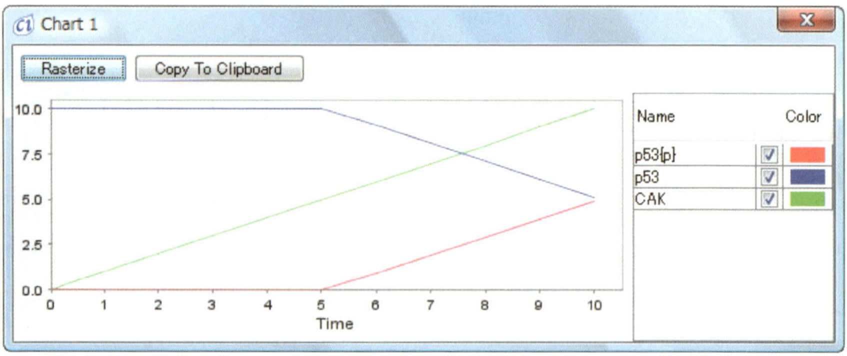

그림 4.67

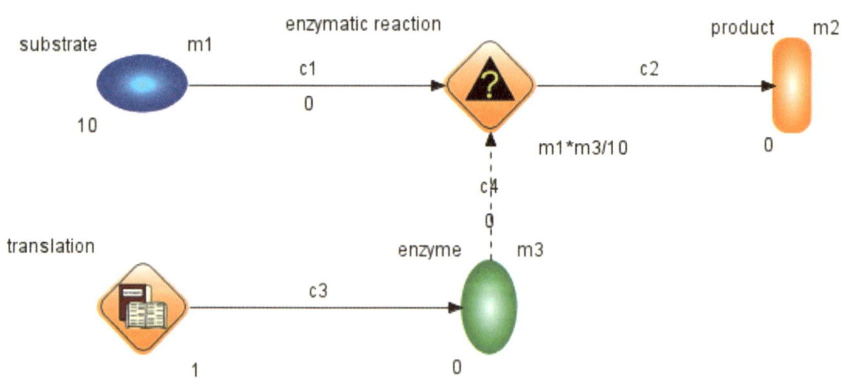

그림 4.68

효소의 강도는 보조 커넥터의 임계치를 설정하는 것으로 표현할 수 있다. 예를 들어, 임계치를 1에서 5로 변경하면 (그림 4.66), 그 효소의 효과는 값이 5 이상으로 되지 않으면 효과가 없으므로 약한 효소라고 부르게 된다 (그림 4.67).

실제 생체 내에 있는 효소에 의한 인산화는 효소의 양 (m3)과 기질의 양 (m1)에 의존한다. 이러한 상황에서, 인산화 반응의 속도를 (m1*m3)/10 (10은 임의의 상수)와 같이 적절하게 설정하는 것이 가능하다. 모든 요소의 유형을 연속으로 할 때 효소 반응의 모델은 그림 4.68과 같이 된다.

이 모델을 실행한 결과는 그림 4.69와 같이 된다.

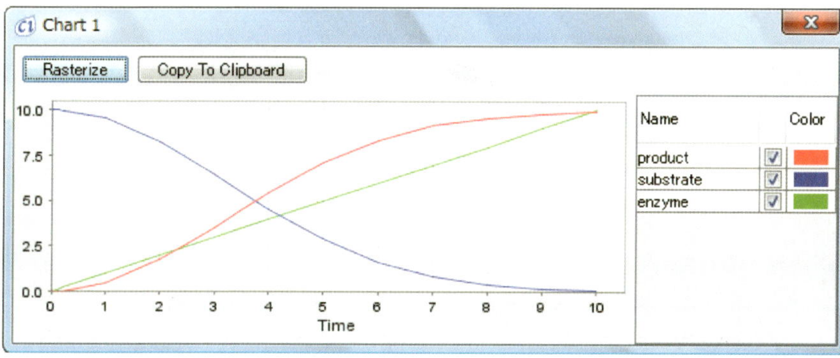

그림 4.69

1단계와 3단계에 추가한 프로세스와 엔티티 (CAK)의 유형의 조합은 (이산, 이산), (이산, 연속), (연속, 연속)이 가능하다.

4.8 마무리

이 장에서는 Cell Illustrator의 설치, 기본 개념, 기동, 모델의 편집, 실행 방법을 학습했다. 또 실질적인 생체 내 반응을 Cell Illustrator에서 어떻게 모델링할 것인가도 학습했다. 범용 엔티티와 범용 프로세스는 이 책의 범위를 벗어나는 것이지만 그 이론적인 배경과 구체적인 모델링에 관해서는 문헌 [3, 4]를 참조하기 바란다.

COLUMN 4

프로세스 간의 정합 문제

마지막으로, 2개의 이산 프로세스 p1과 p2, 그리고 3개의 이산 엔티티 e1, e2, e3으로 구성된 그림 4.70과 같은 모델을 고려해 보자.

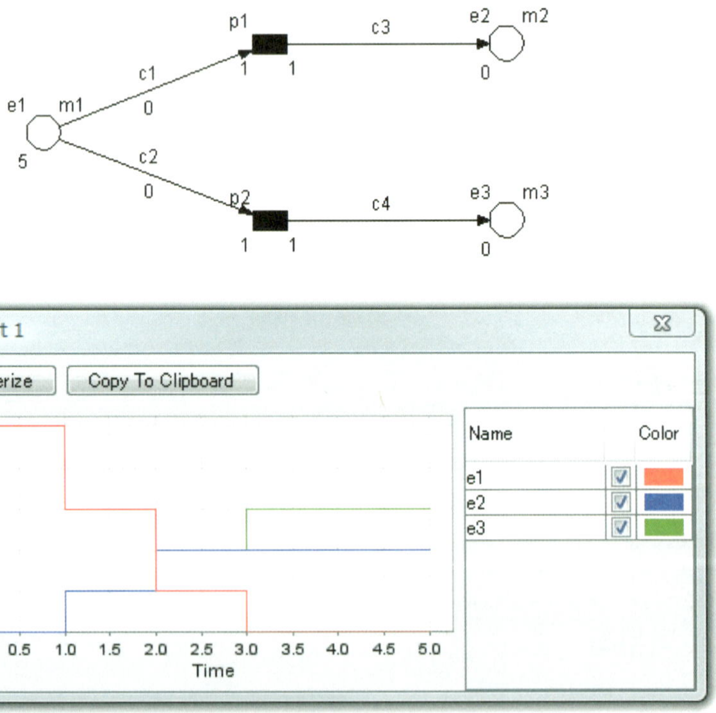

그림 4.70

엔티티 e1의 초기값은 5, 엔티티 e2와 e3의 초기값은 0이다. 2[pt]의 시점을 보면, e1은 1의 값을 가지고 두 프로세스는 모두 실행 가능하다. 그러나 두 프로세스 p1과 p2를 실행하기 위해서는 엔티티의 값이 2 혹은 그 이상 (1+1=2)이어야 한다. 이러한 상황을 **경합** (conflict)라고 한다. Cell Illustrator는 프로세스가 이러한 경합을 해결하도록 **우선순위** (priority)를 부여한다. 만약 경합 중인 프로세스가 같은 우선순위를 가진다면 한 개의 프로세스를 임의로 선택한다.

COLUMN 5

범용 요소의 사용

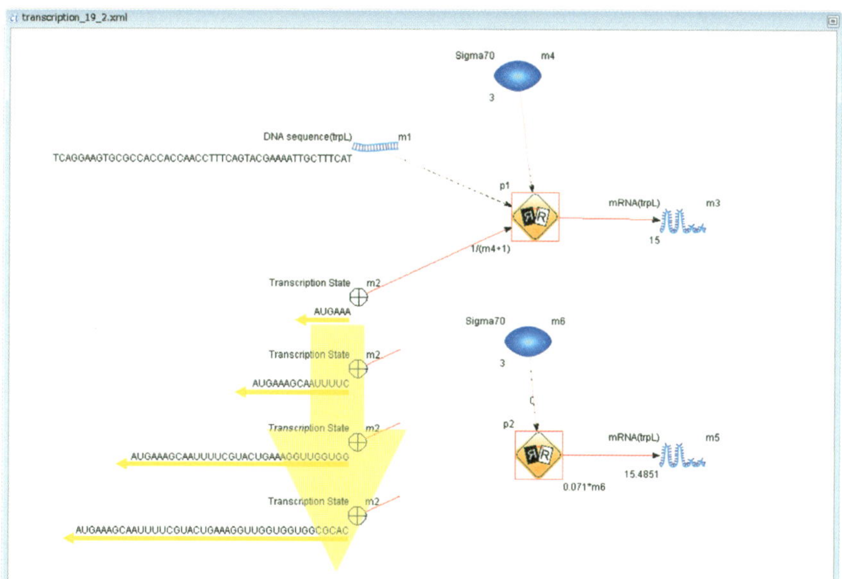

그림 4.71 위: 범용 엔티티를 사용한 모델. 아래: 연속 엔티티만을 사용한 모델.

여러 가지 패스웨이를 모델링하면서 가끔 이산이나 연속 요소로 모델링할 수 없는 현상이 존재한다. 이럴 때 HFPNe를 아키텍처로 사용하는 Cell Illustrator는 범용 엔티티와 범용 프로세스를 이용한다. 예를 들어, 4.7.3절에 나온 전사 프로세스를 DNA 염기 서열의 수준에서 모델링 하려면, 그림 4.71과 같은 모델이 가능하다. DNA 염기 서열 수준에서의 전사 프로세스는 alternative splicing과 frame shifts와 같은 현상들을 시각화할 수 있다. 많은 변형을 가진 단백질은 범용 엔티티로 효율적으로 모델링할 수 있다. 표 4.2는 범용 프로세스의 실제 행동을 정의하고 있다. 부록 CD-ROM에 들어 있는 "fig4_71_generic_model_transcription.xml" 모델을 실행하면 실제 염기쌍이 어떻게 mRNA로 전사되는지 볼 수 있다.

표 4.2

connector	update function
c1	m1;

c2	import ("gon.Transcription");
	totalnum=m1.length( );
	num=m2.length( );
	if (totalnum≥num){
	nextcode=m1.substring (totalnum−num−1, totalnum−num);
	newsequence=m2+Transcription::Trans(nextcode);
	}
	else {newsequence="";};
	newsequence;

c3	m3;
c4	if (m1.length( )==m3.length( )){m3=m3+1;}

제5장

패스웨이 모델링과 시뮬레이션

본 장에서는 4장에서 기술된 모델링 방법을 활용하여 좀 더 큰 규모의 패스웨이를 다루어 보고자 한다. 특히, Cell Illustrator를 이용하여 유전자 제어 구조, 대사 경로 및 신호 전달 경로에 대한 모델을 만들어 볼 것이다. 본 장의 학습을 통해 다양한 패스웨이를 구축하는 능력을 갖출 수 있을 것이다.

5.1 신호 전달 경로 모델링

본 절에서는 표피성장인자 수용체 (Epidermal Growth Factor Receptor; EGFR)의 신호 전달 경로 모델을 만들어 볼 것이다. 이 모델은 기존의 생물학적 지식에 기반을 둔 개략적인 모델이지만, 생물학적 지식을 패스웨이로 나타내는 새로운 방법을 제시해 준다는 점에서 의의가 있다.

5.1.1 주요 등장 인물: 리간드와 수용체

세포의 성장과 분화는 세포 외부의 신호 전달 분자 리간드 (ligand)에 의해 조절된다. 세포는 리간드를 인식하고, 리간드와 결합을 통해 세포 내 새로운 반응을 유도하는 신호를 전달하는 수용체 (receptor)라는 분자를 가지고 있다. 예를 들면, rat 갈색세포종 (PC12)은 외부 신호가 신경성장인자 (Nerve Growth Factor; NGF)를 통해 세포막에 있는 신경성장인자 수용체 (Tropomyosion Receptor kinase A; TrkA)로 전달될 때 신경세포로 분화되다는 것은 알려진 사실이다. 본 절에서는 **표피성장인자 (Epidermal Growth Factor; EGF)**의 초기 신호 전달 경로를 모델링한다. EGF 수용체는 세포막에 존재하는 **표피성장인자 수용체 (Epidermal Growth Factor Receptor; EGFR)**이다. EGFR은 타이로신 키나아제 수용체 (Tyrosine Kinase Receptor) 중의 한 종류인 ErbB군에 속하기 때문에 ErbB1이라고 불리기도 한다.

EGFR은 표피세포, 중간엽세포, 신경세포 등 다양한 세포에서 발현되며, 세포의 성장과 분화에 관여한다. 또한 EGFR의 과발현 및 이와 관련된 유전자 변이는 암을 유발할 수 있음이 알려져 있다.

5.1.2 EGFR을 매개로 하는 신호 전달의 모델링

빈 캔버스로부터 순서대로 모델을 만들어보자. 먼저 아이콘 을 눌러 새로운 캔버스를 만든다 (그림 5.1). 생물학적 요소 (Biological Element) 대화상자는 모델을 만들 때 사용되므로, 창 을 연다.

그림 5.1

5.1.2.1 세포의 배치

만들고자 하는 모델은 세포막 위에서의 신호 전달을 다루고 있으므로, 그림 5.2에 보이는 바와 같이 캔버스 위에 세포 형태의 그림을 불러들이기 위해 “Edit Parts” 를 누르고, [cells] → [animal_cell_blank]를 선택한다. 그림의 모양을 변경하기 위해서는 그림을 선택하고, Shift 키를 누른 상태에서 마우스로 그림의 코너 (corners)를 상하 좌우로 움직이면 된다. 그림은 시뮬레이션의 결과와 아무런 상관이 없지만, 그림을 통해 수용체의 위치 즉, [plasma_membrane] 또는 [cytoplasm] 같이 세포 상에서의 위치를 알기 쉽게 해준다.

5.1.2.2 EGFR의 배치

EGFR은 세포막 위에 있는 것으로 알려져 있다.

그림 5.2

연습 5.1.1

4.7.3절을 참고로 하여 EGFR의 번역 과정을 만들어 보라. 엔티티 EGFR은 EGFR의 농도를 나타내며 아이콘을 사용한다. 번역 속도는 1로 한다 (그림 5.3).

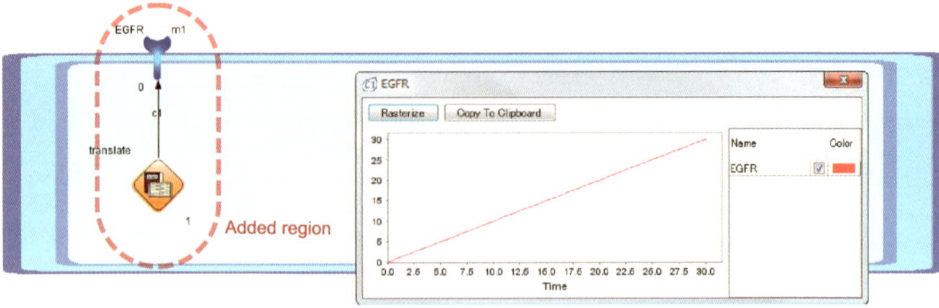

그림 5.3

연습 5.1.2

연습 5.1.1에서 만들어진 모델을 실행해 보고, EGFR 농도가 시간에 따라 어떻게 변화하는지 그래프를 통해 살펴보라.

시뮬레이션을 통해 EGFR의 농도가 계속 증가하는 것을 알 수 있다. 실제로는 세포 내 자연 분해 (natural degradation) 때문에 EGFR의 농도는 임의의 농도에서 안정화된다 (steady state). 따라서 분해 프로세스를 모델에 추가하는 것이 필요하다.

연습 5.1.3

4.7.1절을 참조하여 그림 5.3에 분해 프로세스 를 추가해 보라. 분해 속도는 EGFR 농도의 0.04배로 한다.

결과는 그림 5.4와 같이 나타날 것이다.

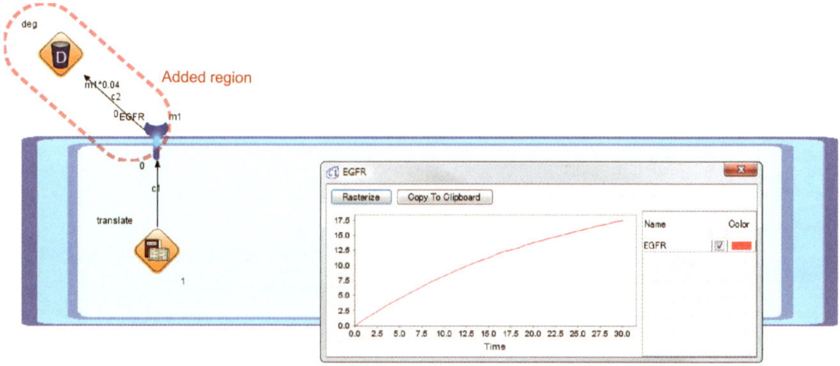

그림 5.4

5.1.2.3 EGF와 EGFR의 결합

EGFR은 세포 외부로부터 공급되는 EGF의 농도에 의존하여 신호를 전달하는 것으로 알려져 있다.

연습 5.1.4

세포 외부에 아이콘을 사용하여 엔티티 EGF를 만들어 보라.

연습 5.1.5

4.7.3절을 참조하여 EGF를 공급하는 하나의 프로세스 를 추가하라.

연습 5.1.6

연습 5.1.3과 비슷한 방식으로 EGF 분해 프로세스 를 첨가해 보라 (EGF의 분해 속도는 EGF 농도의 0.01배로 한다).

여기까지의 실행 결과는 그림 5.5에 나타나있다.

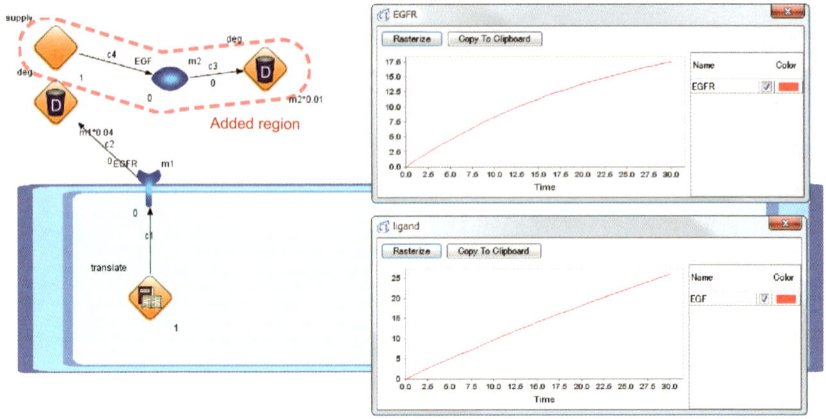

그림 5.5

EFGR에 의한 신호 전달을 위해서는 EGF와 EGFR이 결합하여 복합체를 형성해야 한다.

연습 5.1.7

4.7.4절을 참고하여 EGF와 EGFR을 결합하는 프로세스 를 추가해 보라 (결합 속도는 EGF와 EGFR의 농도의 곱에 0.1배로 한다). EGF와 EGFR의 복합체에 대한 아이콘은 을 사용한다.

세포막 위에서 결합한 EGF와 EGFR의 복합체는 종종 해리되기도 한다.

연습 5.1.8

4.7.5절을 참조하여 EGF/EGFR 복합체 가 해리하는 프로세스 를 추가해 보라. 해리 속도는 결합 속도보다 늦도록 하며, 복합체 농도의 0.001배로 한다.

연습 5.1.9

EGF/EGFR 복합체 가 분해되는 프로세스 를 추가해 보라 (분해 속도는 복합체 농도의 0.01배로 한다).

여기까지의 결과는 그림 5.6에 나타나있다.

5.1.2.4 EGF와 EGFR 복합체의 이합체화 (dimerization)

EGF와 EGFR의 복합체는 2개가 모여 이합체 (dimer)를 형성하는 것으로 알려져 있다. 이 부분의 모델을 만들어보자.

이를 위해서 4장에서 언급되지 않았던 새로운 내용을 설명하고자 한다. 즉, 4장에서는 프로세스의 속도는 입력 커넥터에 연결된 엔티티의 값을 감소시키는 반면 출력 커넥터에 연결된 엔티티의 값을 증가시켰다. 즉, 프로세스는 모든 커넥터에 대해 같은 속도로 값들을 변화시킨다. 하지만, Cell Illustrator는 HFPNe를 기반으로 만들어졌기 때문에, 하나의 프로세스에 연결된 여러 개의 커넥터에 대해 각각 자유롭게 속도를 부여할 수 있다.

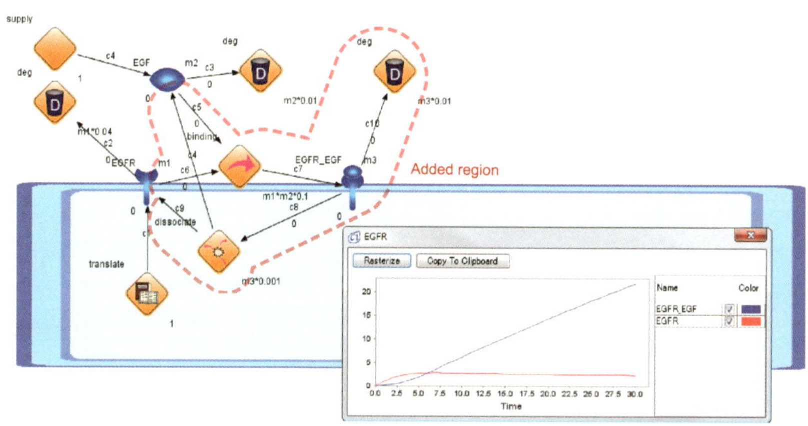

그림 5.6

연습 5.1.10

4.7.4절을 참조하여, 이합체화 (dimerization) 프로세스 를 통해 EGF/EGFR의 복합체 가 이합체로 형성되는 모델을 만들어보자. 이합체 엔티티에 대한 아이콘 은 CD-ROM의"PrepareElements" 폴더 안에 ReceptorLigandDimer.xml에 들어 있다. 복합체의 이합체 생성 속도는 복합체 농도의 0.1배로 하자. 하지만, 하나의 이합체는 두 개의 복합체로부터 만들어지므로 각 커넥터에 대한 속도는 변화되어야 한다.

- 이합체화 프로세스 를 선택한다. 요소 설정 대화 상자가 표시되지 않았다면 우측 툴바에서 를 클릭한다.
- 대화 상자의 Process 탭에서 반응 속도 양식 (Kinetic Style) 항목에서 "connectorcustom"을 선택한다.
- 그림 5.7의 아래 부분에 각각의 커넥터에 속도를 입력한다.

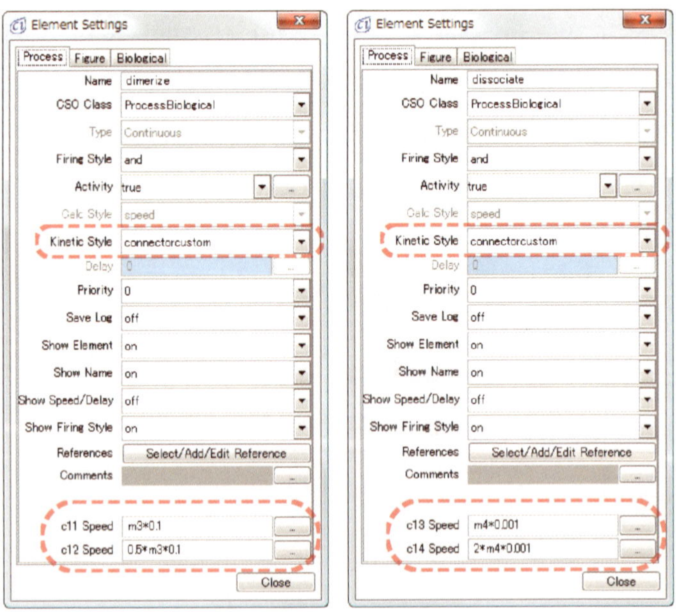

그림 5.7

연습 5.1.11

4.7.5절을 참고로 하여, EGF와 EGFR 복합체의 이합체가 본래의 복합체로 해리되는 프로세스를 만들어 보라. 해리 프로세스는 이합체의 형성 반응보다 느리므로 해리 프로세스의 속도를 이합체 농도의 0.001배로 한다. 단, 이합체 1개가 해리될 때 두 개의 단량체가 생기므로 이합체 형성을 보여주는 앞의 예제와는 반대로 파라미터를 조절해야 한다. 아래의 순서에 따라 파라미터를 조절해 보자.

- 해리 프로세스 ◈를 선택하고, 요소 설정 (Element Settings) 대화 상자에서 프로세스 탭을 선택한다.
- 대화 상자의 프로세스 탭에 있는 반응 속도 양식 (Kinetic Style)의 항목 가운데 "connectorcustom"을 선택한다.
- 대화 상자의 아래 부분에서 입력과 출력에 해당하는 각 커넥터에 속도를 설정한다 (그림 5.7의 우측).

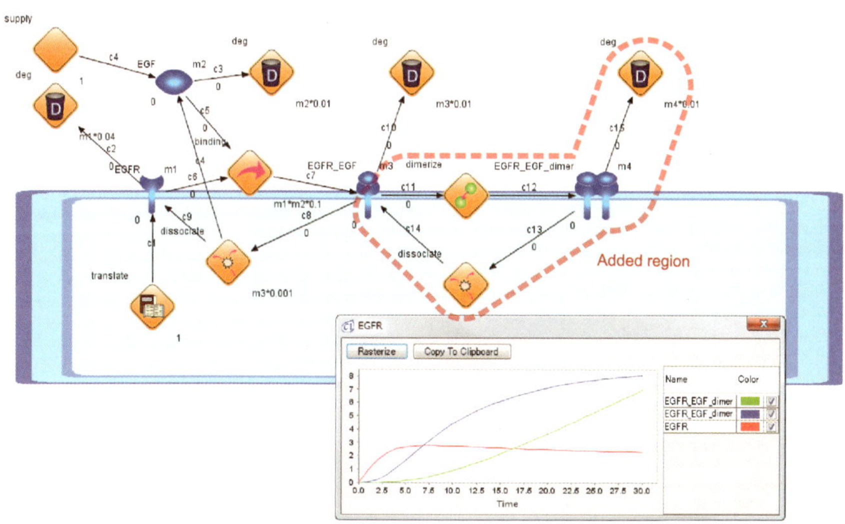

그림 5.8

연습 5.1.12

이합체 가 분해되는 프로세스 를 추가해 보라. 분해 속도는 복합체 이합체 농도의 0.01배로 한다.

결과는 그림 5.8과 같을 것이다.

5.1.2.5 EGFR의 인산화와 탈인산화

EGF와 EGFR 복합체의 이합체는 세포질에서 인산화되고 나서 세포 내 신호 전달에 참여하는 것으로 알려져 있다.

연습 5.1.13

이합체 의 인산화 프로세스 를 추가해 보라. 속도는 이합체 농도의 0.1배로 한다. 인산화된 이합체의 아이콘 은 부록 CD-ROM의 "PrepareElements" 폴더 안의 PhosphorylatedReceptorLigandDimer.xml에 들어 있다.

연습 5.1.14

인산화된 이합체 에 탈인산 프로세스 를 추가해 보라. 탈인산화 프로세스는 인산화 프로세스에 비해 비교적 느린 반응이므로, 탈인산화 프로세스의 속도는 인산화된 이합체 농도의 0.001배로 한다.

연습 5.1.15

인산화된 이합체 에 분해 프로세스 를 첨가해 보라. 분해 속도는 다른 분자들의 경우와 비슷하게 이합체 농도의 0.01배로 한다.

이와 같은 조작을 통해 그림 5.9와 같은 모델을 얻을 수 있다. 인산화 효소 및 탈인산화 효소는 이 모델에서 생략되어 있다.
시뮬레이션을 통해 EGF가 EGFR과 결합하여 복합체를 형성하고, 이들 복합체가 이합체가 되고 다시 인산화되는 일련의 반응 과정을 볼 수 있다. 그래프를 보면 맨 처음 EGFR이 증가하고, 그 후에 EGF와 EGFR 복합체, 복합체의 이합체, 인산화된 이합체의 농도가 차례로 증가하는 것을 알 수 있다.
이 모델에서는 인산화된 이합체의 해리 프로세스 및 이합체 상태에서 리간드의 해리화 가능성 등은 고려되지 않았지만, 이들은 본 모델을 바탕으로 손쉽게 추가 및 편집할 수 있다.

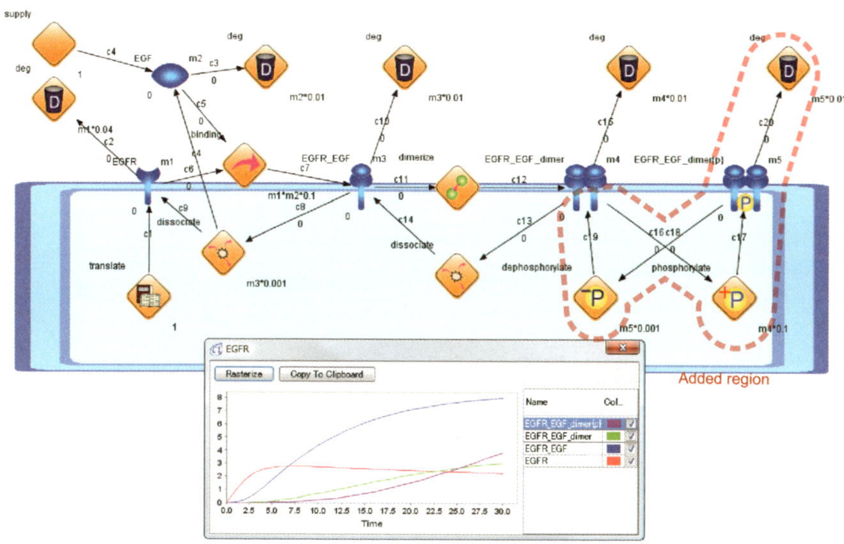

그림 5.9

5.1.2.6 약제에 의한 EGFR 신호의 억제

AG 화합물은 EGFR 신호 전달 경로를 방해하는 것으로 알려져 있다. 본 절에서는 그림 5.9의 모델에 AG 화합물을 추가시켜 봄으로써, 어떤 변화가 일어나는지 살펴보기로 한다.

특히 AG 화합물 가운데 AG1478은 EGFR의 타이로신 인산화를 억제하는 것으로 알려져 있다.

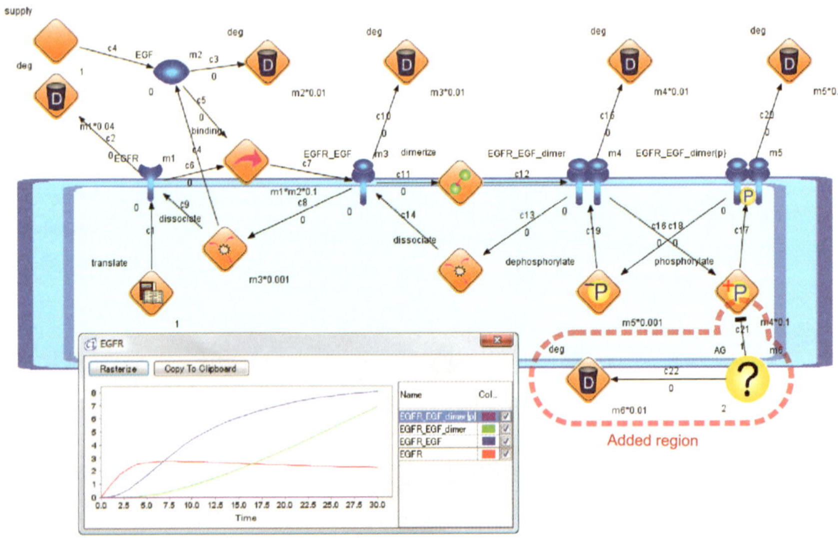

그림 5.10

연습 5.1.16

그림 5.9에서 엔티티 AG1478을 추가하고, AG1478이 인산화 프로세스를 억제하도록 수정해 보라. 엔티티 AG1478에 대한 아이콘은 ?를 사용하고, 이 엔티티의 초기값은 2로 한다. AG1478에서부터 인산화 프로세스 P에 프로세스 억제 커넥터 (Inhibitory Connector) ⊥를 추가하고 임계치를 1로 한다. AG1478의 양은 시간에 따라 감소하므로, AG1478에 분해 프로세스 D를 추가한다. 분해 속도는 AG1478 농도의 0.01배로 한다.

연습 5.1.17

억제제 추가 전의 모델과 추가 후의 모델을 각각 시뮬레이션하고 그 결과를 비교해 보라.

억제제가 추가된 모델은 그림 5.10에 나타나있다. 인산화 프로세스가 억제됨으로써 인산화된 이합체의 농도는 0이 된다.

시뮬레이션 시간을 길게 할 경우 도입된 AG 화합물이 대사됨에 따라, 즉 AG 화합물의 농도가 억제 커넥터의 임계치보다 낮아지고, 이로 말미암아 인산화 반응의 억제가 중지되는 것을 볼 수 있다. 따라서 인산화된 이합체의 농도는 다시 증가한다 (그림 5.11).

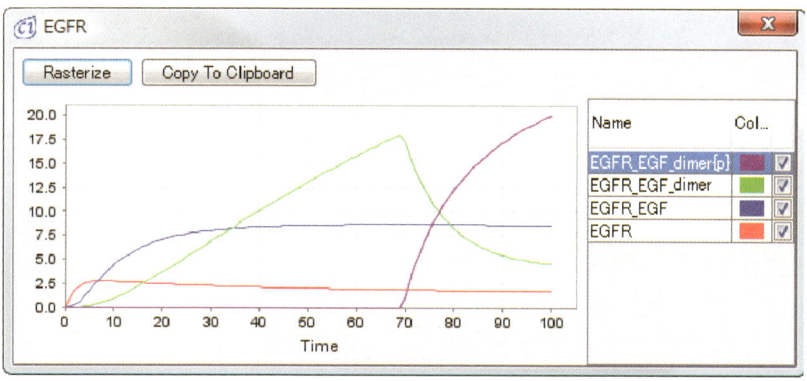

그림 5.11

COLUMN 6

그림 편집

Cell Illustrator는 3, 4장에서 보인 아이콘의 모양을 사용자가 편집 및 수정할 수 있는 기능이 있다. 즉, 모양을 바꾸고자 하는 요소를 선택하고 마우스의 오른쪽 버튼을 클릭하고 나서, [Edit Image]를 선택하면 (그림 5.12), [CI SVG Editor]라는 창이 새롭게 열리게 되는 데, 이 창에서 아이콘의 모양을 바꿀 수 있다. 이하에서는 비교적 간단한 조작으로 가능한 아이콘 모양의 편집 및 수정 방법을 소개한다.

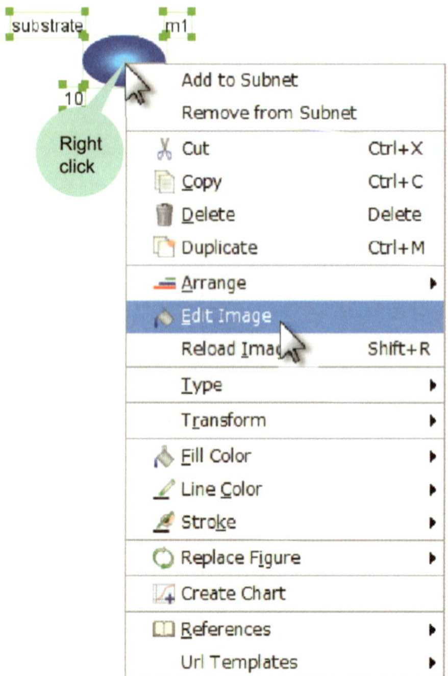

그림 5.12

아이콘의 색깔 바꾸기

청색으로 나타난 단백질 의 색을 적색으로 바꾸는 것은 간단하다. [Edit Image]를 클릭하여 CI SVG Editor를 활성화한다. 청색 단백질 의 색상은 사실상 연한 청색에서 시작하여 진한 청색까지를 원형의 그라데이션(gradation)을 통해 만들어진다. 따라서 그라데이션 재설정을 통해 색을 변화시킬 수 있다. CI SVG Editor의 메뉴바 가운데서 [Dialogs] → [Show resources]를 선택하면, Resources 대화 상자가 나타난다. 이 대화 상자에서 [Radial gradient] 탭을 선택하면 color1로 정의된 청색 그라데이션이 나타난다. color1을 더블 클릭하면 Radial gradient Property Dialog가 표시되며, 이 대화 상자에서 그라데이션 정의를 새롭게 할 수 있다. 그라데이션은 2가지의 색으로 정의되기 때문에 청색을 적색으로 바꾸기 위해서는 2가지 색 모두를 바꾸어 주어야 한다. 변경하는 방법은 몇 가지가 있지만 간단한 방법은 대화 상자 위 쪽 좌우에 있는 역삼각형 모양이 있는데, 그 위의 사각형을 각각 더블 클릭하여 새로운 색을 지정하는 것이다. 왼쪽 사각형에는 옅은 분홍색을 오른쪽 사각형에는 적색을 설정하고, 대화 상자 아래쪽에 있는 OK 버튼을 누른다. 이때 CI SVG Editor에서 파란색의 단백질은 적색으로 변한다. 최종적으로 CI SVG Editor에서 [File] → [Save]로 저장함으로써, 단백질 색깔의 변화는 CI 캔버스에서도 적용된다.

두 요소의 결합

두 단백질 와 의 결합을 나타내기 위해서는 두 개의 아이콘을 합쳐 하나의 아이콘으로 나타내면 된다. 기본적인 방법은 하나의 요소를 다른 하나에 복사하는 조작이다. 과 을 캔버스로 불러들이고, 각각에 대하여 [Edit Image]선택하여 CI SVG Editor 창을 연다. 을 에 복사하기 위해, 창을 선택한 상태에서 메뉴의 [Edit] -> [Copy]를 통해 복사한 다음, 창에서 메뉴의 [Edit] -> [Paste]를 통해 붙이기를 한다. 복사된 는 위에 놓이기 때문에 겹쳐져 나타난다. 따라서 겹쳐진 두 단백질을 분리하기 위해서는 CI SVG Editor를 사용해서 캔버스의 크기를 늘려야 한다. 메뉴에서 [Transforms] -> [Canvas] -> [Resize]를 선택하고 폭을 200, 높이를 212로 수정하고, OK 버튼을 누른다. 이제 캔버스에서 를 마우스로 드래그하여 적당한 위치로 옮긴다. 이러한 변화를 CI 캔버스에 반영하기 위해서는

[File] → [Save]를 실행해야 한다.

AA 가로와 세로의 비율 바꾸기

요소의 크기를 단순히 축소하거나 확대할 때는 CI SVG Editor를 통하지 않고, 요소의 코너를 마우스로 드래그하면 된다. 같은 조작을 Shift 키를 누른 상태에서 행하면 가로와 세로의 비율도 자유롭게 변화시킬 수 있다.

+ 기타

요소의 모양을 편집 및 수정할 경우, 요소가 CI 캔버스에 잘 표시되지 않을 경우가 있다. 이런 때에는 마우스 오른쪽 버튼을 클릭하고 나서, [Reload Image]를 통해 해결할 수 있다. 또한, 새로운 모양의 아이콘은 CI SVG Editor를 통해서 만들어질 수 있다.

5.2 대사 경로 모델링

당을 분해하는 해당 과정은 글루코스가 피루브산까지 분해되는 경로이며, 화학 반응식은 다음과 같이 간단히 표시된다.

$$\text{Glucose} + 2\text{ADP} + 2\text{NAD}^+ \rightarrow 2\text{Pyruvic acid} + 2\text{ATP} + 2\text{NADH}$$

하지만, 실제의 해당 경로는 그림 5.16에서 보는 바와 같이 10단계의 반응으로 되어 있다. 본 절에서는 해당 경로를 예로 들어, Cell Illustrator로 대사 경로를 모델링하는 방법을 소개한다.

5.2.1 화학 반응식과 패스웨이 표현

그림 5.13은 다음 화학 반응식을 Cell Illustrator로 표현한 예다.

$$\text{Glucose} + \text{ATP} \rightarrow \text{Glucose-6-phosphate} + \text{ADP}$$

여기서는 이산 요소 (discrete element)가 사용되었지만, 연속 요소 (continuous

element) 역시 사용될 수 있다.

화학 반응식의 좌측과 우측을 분리해서 생각할 때, 양측에 나타나는 물질은 엔티티로 나타낸다. 좌측 엔티티와 우측 엔티티 사이에 있는 프로세스는 대사 반응을 나타낸다. 각 엔티티가 가지는 값은 각 물질의 분자 개수를 나타내며, Cell Illustrator에서 프로세스의 실행은 생체 내에서 화학반응이 일어나는 것과 같은 의미가 있다. 그림 5.13에 나타난 모델을 실행하면 glucose와 ATP를 나타내는 엔티티의 값이 1씩 감소하는 반면에 glucose-6-phosphate와 ADP를 나타내는 엔티티는 1씩 증가함으로써 한 분자의 glucose와 한 분자의 ATP가 한 분자의 glucose-6-phosphate와 한 분자의 ADP를 생산하는 화학반응을 잘 표현하고 있다.

그림 5.13에는 상기 화학반응의 촉매 역할을 하는 효소를 나타내는 엔티티를 포함하고 있다. 효소는 화학반응에 의해 양이 변하지 않으므로, 보조커넥터 (association connector)가 사용된다.

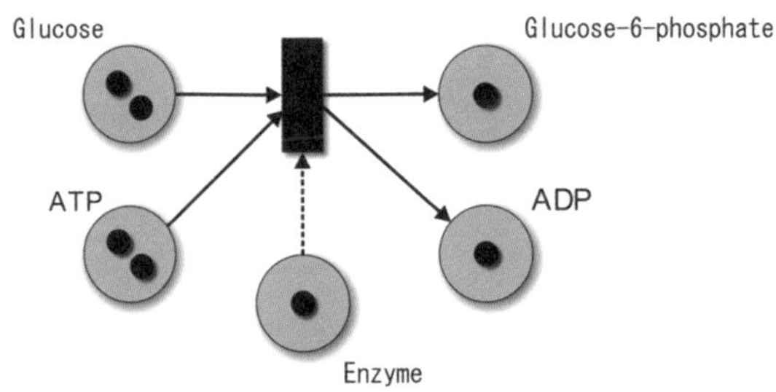

그림 5.13

5.2.2 Michaelis-Menten kinetics와 Cell Illustrator의 패스웨이 표현

효소 반응은 기질과 효소의 상호작용이다. 효소를 E, 기질을 S, 효소와 기질의 복합체를 ES, 기질로부터 생산되는 생산물을 P라고 하면, 효소 반응식은 다음과 같이 나타낼 수 있다.

$$E + S \rightleftarrows ES \rightarrow E + P$$

이 반응식은 연속 엔티티를 사용하여 그림 5.14 같이 나타낼 수 있다. 효소와 기질의 양이 충분하다면, Michaelis-Menten kinetics를 이용하여 반응 속도를 다음과 같이 나타낼 수 있다.

$$\nu = V_{\max}[S] \ / \ ([S] + K_m)$$

여기서, $V_{\max}$는 반응 속도의 최대치를 의미하고, K_m은 미카엘리스 상수 (Michaelis constant)라고 불린다. 효소의 농도가 일정할 때, V_{max}와 K_m의 값도 일정하며, 효소 반응식은 다음과 같이 간략히 나타낼 수 있다.

$$S \rightarrow P$$

위의 반응식을 연속 엔티티를 사용하여 나타낸 것이 그림 5.15이다. 효소로부터 프로세스까지는 보조 커넥터를 통해 접속하고 있다.

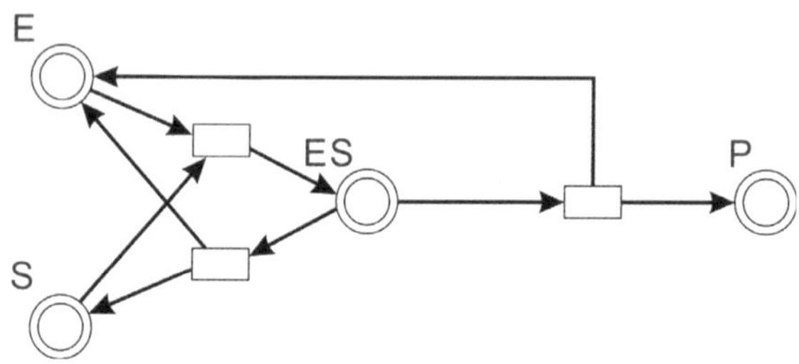

그림 5.14

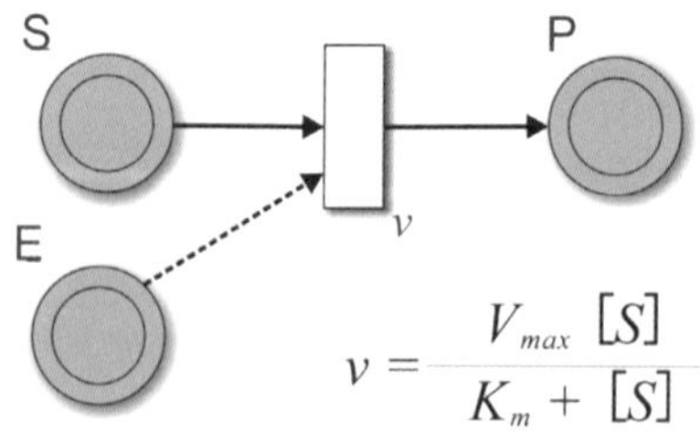

그림 5.15

5.2.3 해당 패스웨이 만들기

해당 패스웨이(glycolysis pathway)는 아래의 화학 반응식으로 구성된다.

(1) Glucose + ATP → Glucose-6-phosphate + ADP

(2) Glucose-6-phosphate ⇄ Fructose-6-phosphate

(3) Fructose-6-phosphate + ATP → Fructose-1,6-bisphosphate + ADP

(4) Fructose-1,6-bisphosphate ⇄ Glyceraldehyde-3-phosphate + Dihydroxyacetone phosphate

(5) Dihydroxyacetone phosphate ⇄ Glyceraldehyde-3-phosphate

(6) Glyceraldehyde-3-phosphate + Phosphate + NAD^+ ⇄ 1,3-Bisphosphoglycerate + NADH

(7) 1,3-Bisphosphoglycerate + ADP ⇄ 3-Phosphoglycerate + ATP

(8) 3-Phosphoglycerate ⇄ 2-Phosphoglycerate

(9) 2-Phosphoglycerate ⇄ Phosphoenolpyruvate

(10) Phosphoenolpyruvate + ADP → Pyruvate + ATP

표 5.1 해당 과정에 관여하는 효소들

	효소	반응
(1)	Hexokinase	비가역
(2)	Phosphoglucose isomerase	가역
(3)	Phosphofructokinase	비가역
(4)	Aldolase	가역
(5)	Triosephosphate isomerase	가역
(6)	Glyceraldehyde 3-phosphate dehydrogenase	가역
(7)	Phophoglycerate kinase	가역
(8)	Phosphoglyceromutase	가역
(9)	Endolase	가역
(10)	Pyruvate kinase	비가역

번호 (1) - (10)은 그림 5.16의 각 반응에 해당한다.

위의 반응은 연속 연쇄반응으로서, 각 반응식에서 우측 대사물은 다음 반응에서 좌측에 놓이게 된다. (1)에서 (10)까지의 각 반응을 촉매 하는 효소가 존재한다 (표 5.1). 위의 반응식을 종합하여 패스웨이로 나타내면 그림 5.16이 된다.

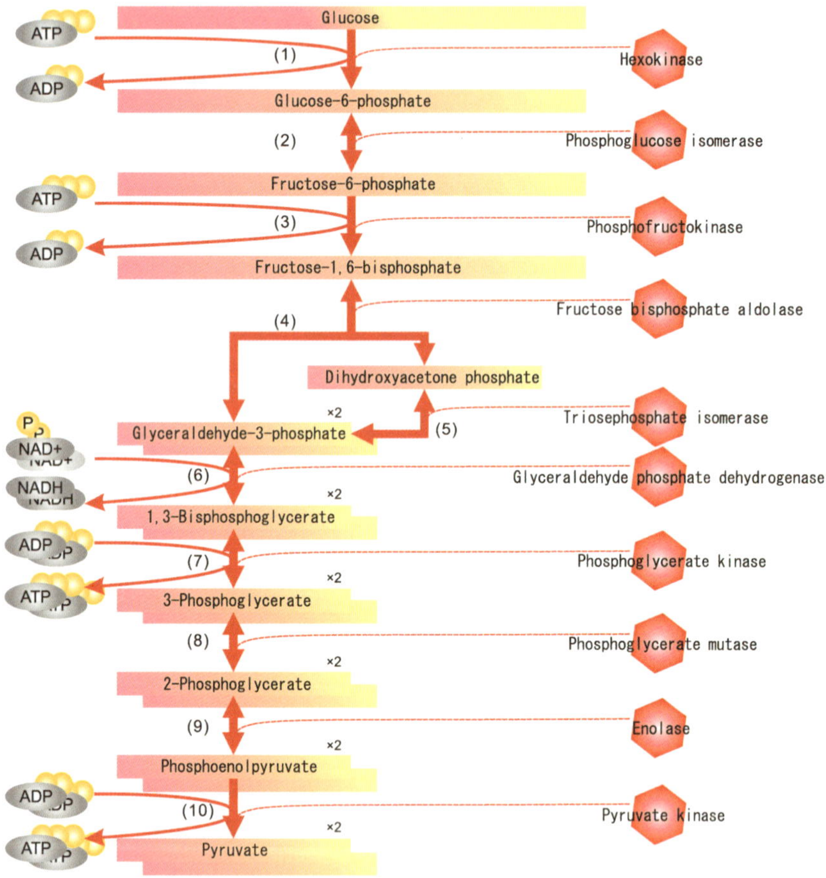

그림 5.16

해당 패스웨이를 모델링하기 위해 먼저 그림 5.16의 첫 번째 단계 대사 반응부터 모델링해 보자. 이 반응은 5.2.1절에서 이미 다룬 것으로 다음과 같다.

Glucose + ATP → Glucose-6-phosphate + ADP

앞 절의 화학 반응식 모델과 같이 반응 혹은 생산 물질을 엔티티로 바꾸고, 각 엔티티와 프로세스를 커넥터로 연결한다. Glucose와 glucose-6-phospahte는 작은 분자 를 사용하여 나타내고, 대사 반응의 프로세스는 을 사용하여 나타낸다. 이 반응에서 기질은 glucose 외에 ATP ATP가 사용되고 있으며, glucose-6-phosphate외에 ADP ADP가 생산되고 있으므로, 이들 엔티티도 커넥터를 사용하여 프로세스 에 연결한다. 또한, 반응 효소인 hexokinase 도 모델에 추가되어야 하며, 프로세스 에 보조 커넥터 로 연결하도록 한다. 이때 보조 커넥터의 임계치는 3으로 한다 (그림 5.17).

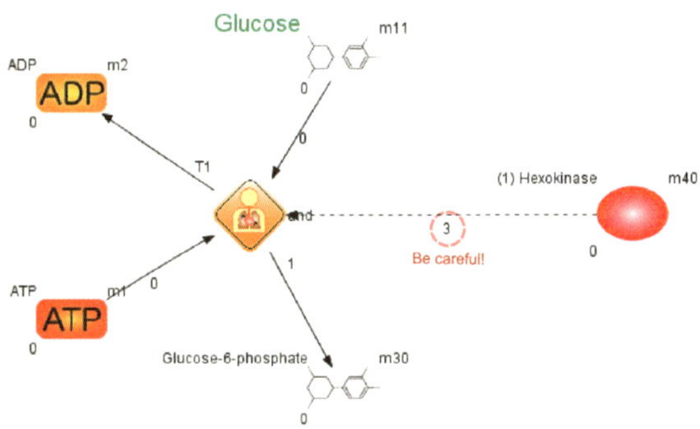

그림 5.17

Glucose , glucose-6-phosphate , ATP ATP 그리고 ADP ADP는 분해를 고려하여, 이들 엔티티에 분해 프로세스 를 연결하고, 분해 속도는 각 엔티티 농도의 0.0001배로 하자. Glucose-6-phosphate의 임계치는 1로 한다.

효소인 hexokinase 에도 분해 프로세스 를 연결하되 분해 속도는 hexokinase 농도의 0.1배로 한다. 여기에서 효소는 충분히 공급된다고 가정하기 위해 hexokinase 의 초기값을 5로 설정하고, 번역 속도는 1로 설정한다 (그림 5.18).

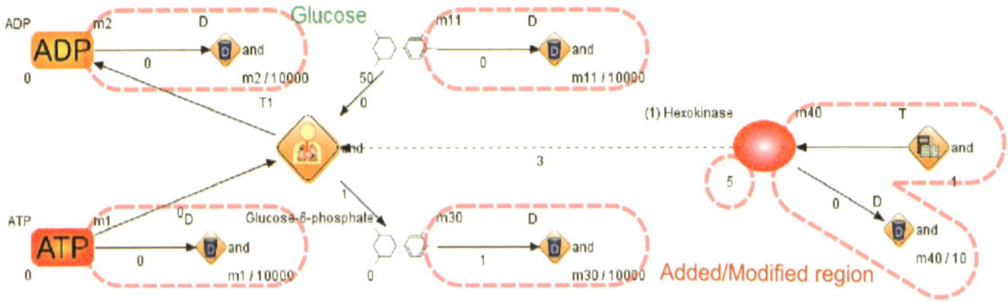

그림 5.18

대사 반응 의 속도는 Michaelis-Menten식 ($V_{max}[S]$)/ ($[S]+K_m$)에 따라 결정된다고 하자. V_{max}와 K_m 값을 설정하기 위해 Pv 와 Pk 로 불리는 두 개의 엔티티 를 만든다. 엔티티 Pv 의 값은 변수 V_{max}의 값이 되며, 엔티티 Pk 의 값은 변수 K_m 의 값이 된다. 여기서는 V_{max}=1, K_m=1로 설정하자. V_{max}와 K_m을 변수로 설정하면 모델이 크고 복잡해졌을 때 반응 속도를 쉽게 조정할 수 있는 장점이 있다.

ATP ATP와 ADP ADP가 풍부히 존재한다고 가정하여, ATP와 ADP의 초기값을 300으로 설정하고, glucose와 glucose-6-phosphate의 초기값은 각각 50과 0으로 설정하자.

이상과 같이 함으로써 그림 5.19의 모델이 완성되었다.

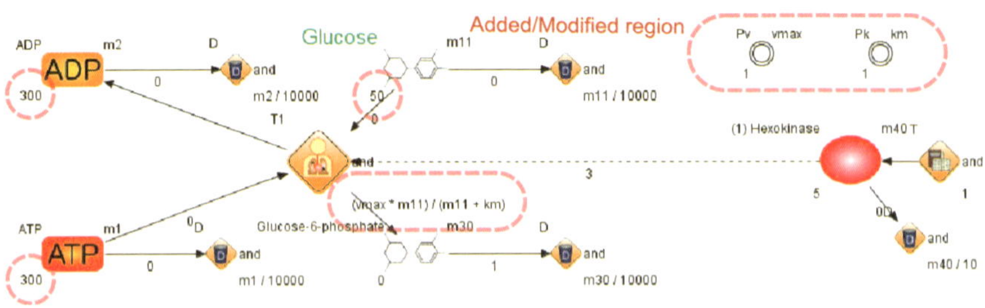

그림 5.19

모든 대사 반응은 유사한 방식으로 모델링할 수 있다. 즉, 화학 반응식의 좌측에 있는 기질 (S)에 대한 엔티티를 만들고, 우측에 있는 생성물 (P)에 대한 엔티티를 만든 다음, 두 엔티티를 대사 반응 프로세스 를 통해 연결하면 된다. 이때 대사 반응 프로세스의 속도 v는 Michaelis-Menten식에 따라 설정해 준다.

나머지 대사 반응도 같은 원리로 모델링하면 된다. (1)에서 (10)까지의 모든 대사 반응의 K_m과 V_{max}의 값은 모두 1로 설정한다. 반응식 (1), (3), (10)을 제외하면 나머지는 모두 가역 반응이다. 그러나 여기서 패스웨이 모델의 간략화를 위해 Michaelis-Menten식 적용 시 역방향의 반응은 고려하지 않기로 한다. 은 효소를, 은 당 및 대사 산물을 나타낸다. 프로세스 는 대사 반응을 나타낸다.

연습 5.2.1

다음의 반응식 (2)를 그림 5.19의 모델에 추가해 보라.

$$\text{Glucose-6-phosphate} \rightleftarrows \text{Fructose-6-phosphate}$$

연습 5.2.1의 결과는 그림 5.20과 같이 될 것이다.

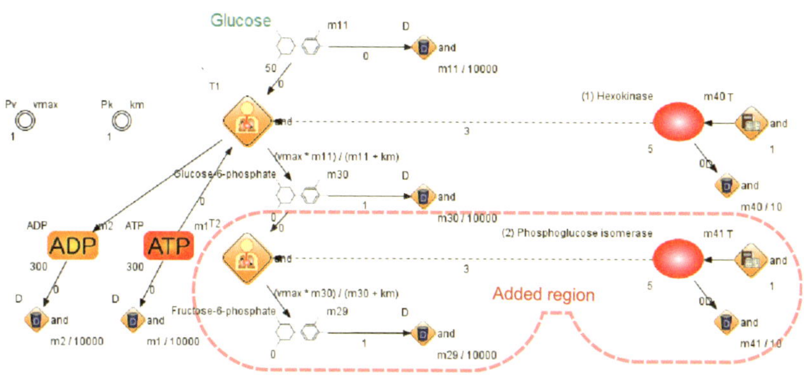

그림 5.20

연습 5.2.2

연습 5.2.1에서 작성된 모델에 다음 반응식 (3)을 추가해 보라

Fructose-6-phosphate + ATP → Fructose-1,6-bisphosphate + ADP

연습 5.2.2의 결과는 그림 5.21과 같이 될 것이다.

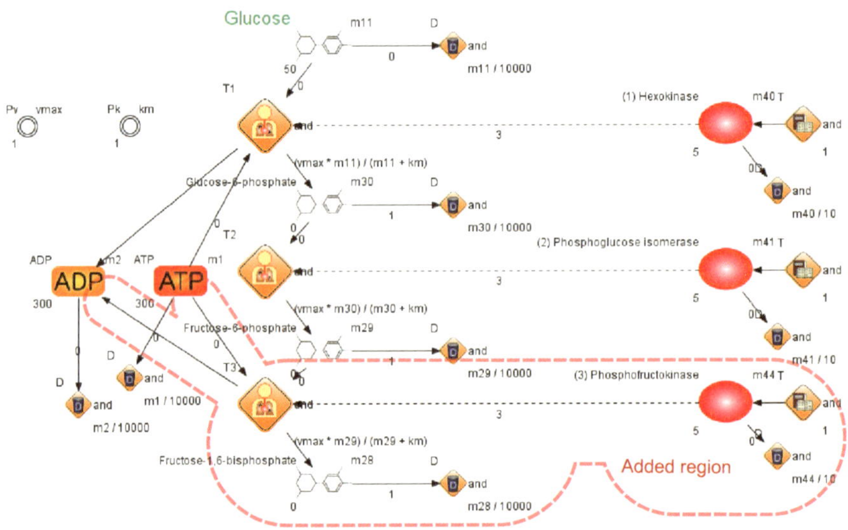

그림 5.21

연습 5.2.3

연습 5.2.2에서 만들어진 모델에 다음 반응식 (4)를 추가해 보라.

Fructose-1,6-bisphosphate ⇄ Glyceraldehyde-3-phosphate + Dihydroxyacetone phosphate

연습 5.2.3의 결과는 그림 5.22와 같이 될 것이다.

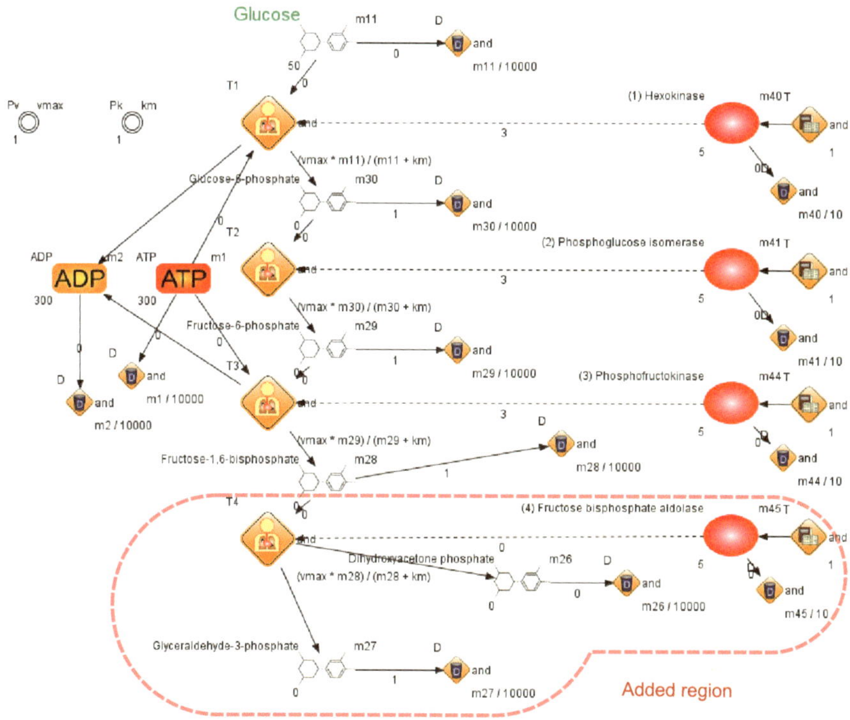

그림 5.22

연습 5.2.4

연습 5.2.3에서 만들어진 모델에 다음 반응식 (5)를 추가해 보라.

Dihydroxyacetone phosphate $\rightleftarrows$ Glyceraldehyde-3-phosphate

---

연습 5.2.4의 결과는 그림 5.23과 같이 될 것이다.

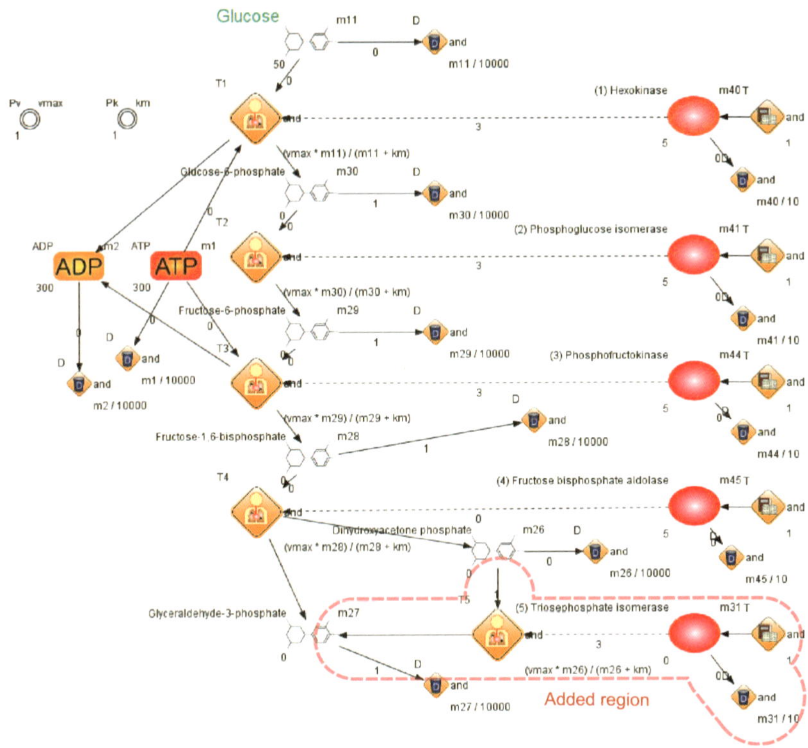

그림 5.23

연습 5.2.5

연습 5.2.4에서 만들어진 모델에 다음 반응식 (6)을 추가해 보자.

$$\text{Glyceraldehyde-3-phosphate} + \text{Phosphate} + \text{NAD}^+ \rightleftarrows \text{1,3-Bisphosphoglycerate} + \text{NADH}$$

인산, NADH, NAD^+는 각각 P, NADH, NAD+로 나타내고, 이들의 분해 속도는 모두 각 농도의 0.0001배로 하고, 인산 P와 NAD^+ NAD+의 초기값은 300으로 하라.

연습 5.2.5의 결과는 그림 5.24와 같이 될 것이다.

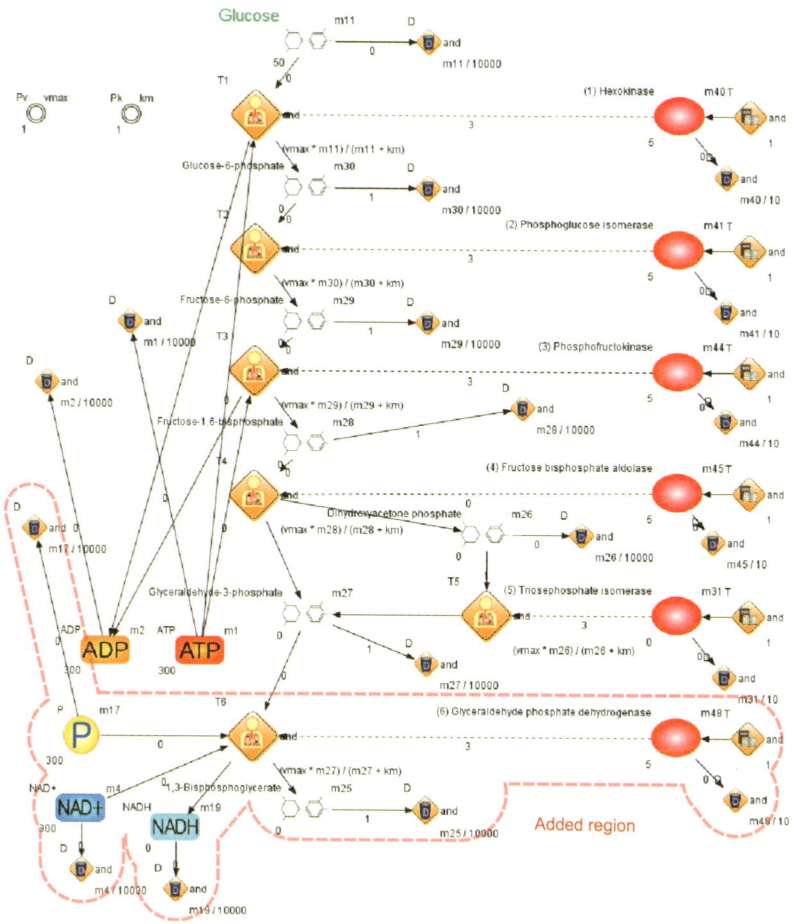

그림 5.24

연습 5.2.6

연습 5.2.5에서 만들어진 모델에 다음 반응식 (7)을 추가해 보라.

1,3-Bisphosphoglycerate + ADP ⇄ 3-Phosphoglycerate + ATP

연습 5.2.6의 결과는 그림 5.25와 같이 될 것이다.

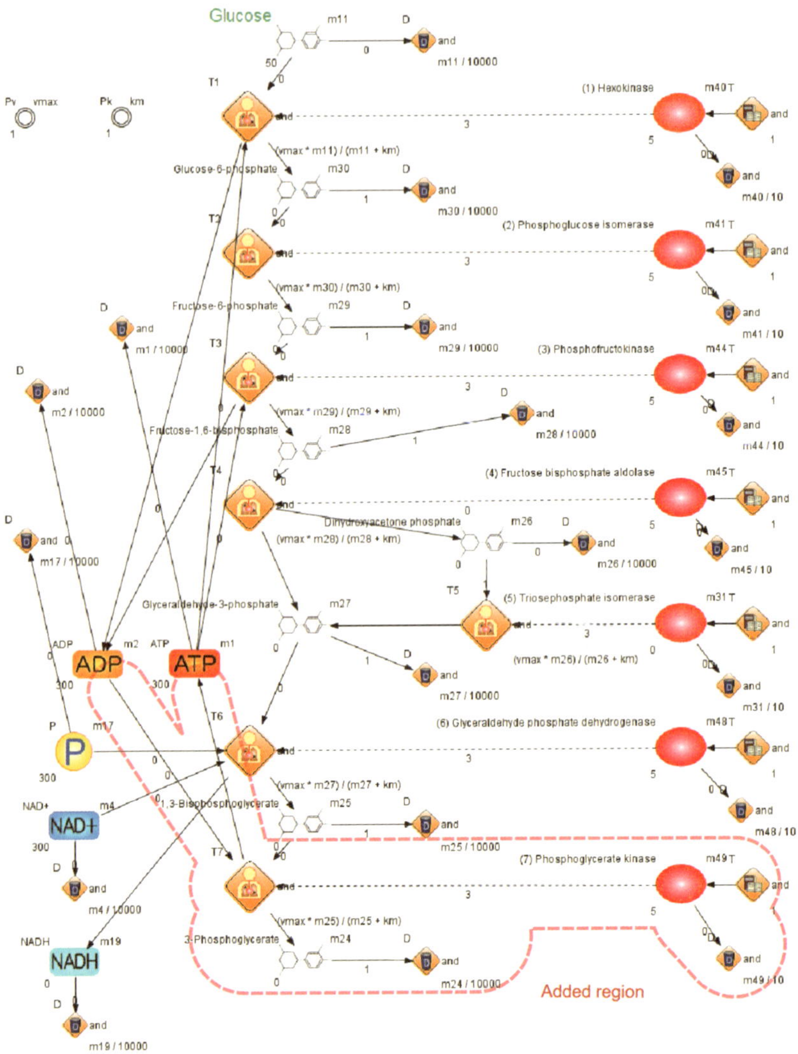

그림 5.25

연습 5.2.7

연습 5.2.6에서 만들어진 모델에 다음 반응식 (8)을 추가해 보라.

$$\text{3-Phosphoglycerate} \rightleftarrows \text{2-Phosphoglycerate}$$

연습 5.2.7의 결과는 그림 5.26과 같이 될 것이다.

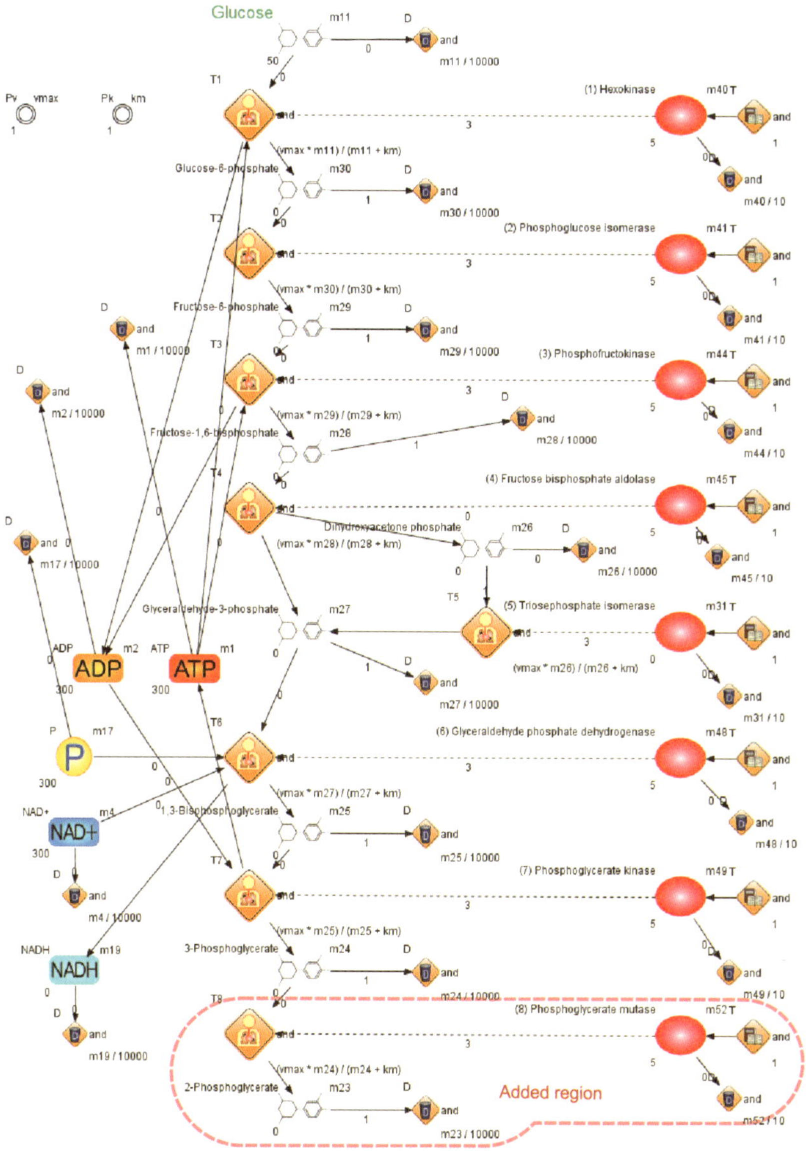

그림 5.26

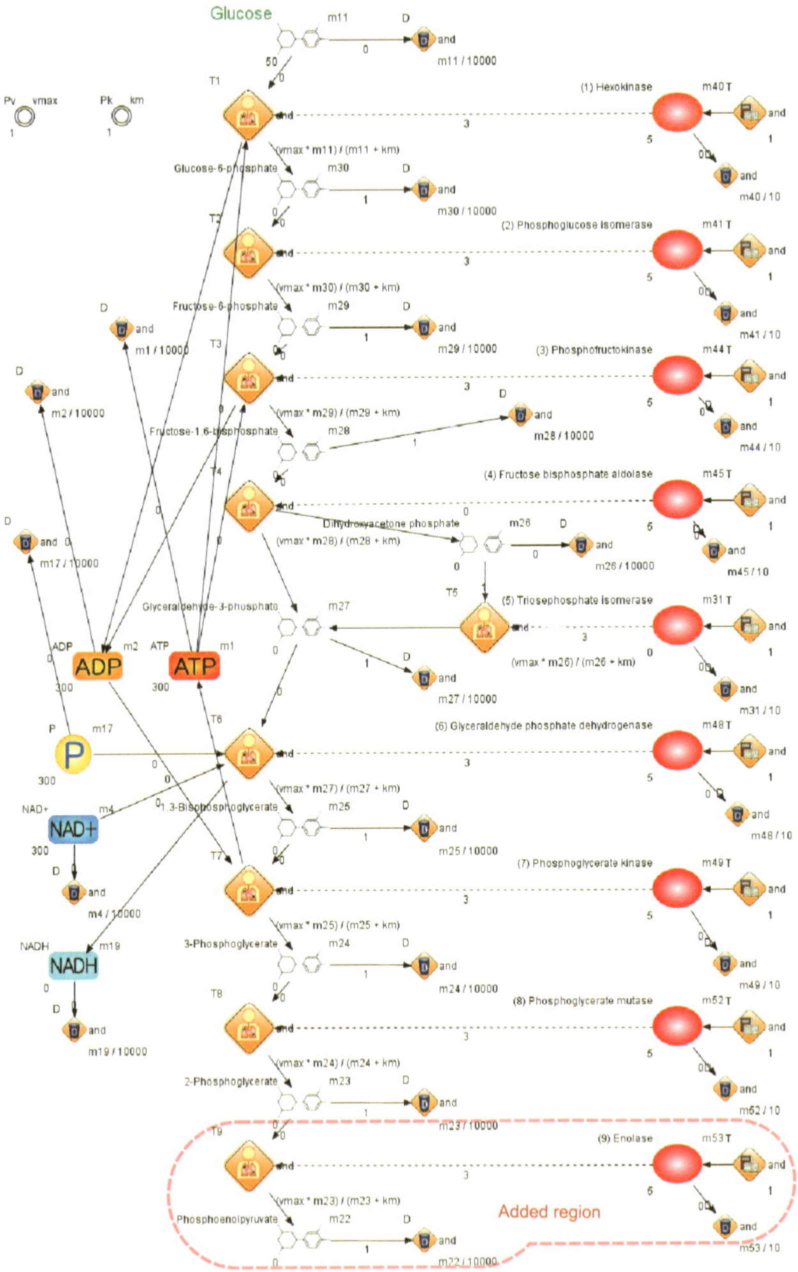
Glucose
Glucose-6-phosphate
Fructose-6-phosphate
Fructose-1,6-bisphosphate
Dihydroxyacetone phosphate
Glyceraldehyde-3-phosphate
1,3-Bisphosphoglycerate
3-Phosphoglycerate
2-Phosphoglycerate
Phosphoenolpyruvate
(1) Hexokinase
(2) Phosphoglucose isomerase
(3) Phosphofructokinase
(4) Fructose bisphosphate aldolase
(5) Triosephosphate isomerase
(6) Glyceraldehyde phosphate dehydrogenase
(7) Phosphoglycerate kinase
(8) Phosphoglycerate mutase
(9) Enolase
ADP
ATP
P
NAD+
NADH
Pv vmax
Pk km
(vmax * m11) / (m11 + km)
(vmax * m30) / (m30 + km)
(vmax * m29) / (m29 + km)
(vmax * m28) / (m28 + km)
(vmax * m26) / (m26 + km)
(vmax * m27) / (m27 + km)
(vmax * m25) / (m25 + km)
(vmax * m24) / (m24 + km)
(vmax * m23) / (m23 + km)
Added region

그림 5.27

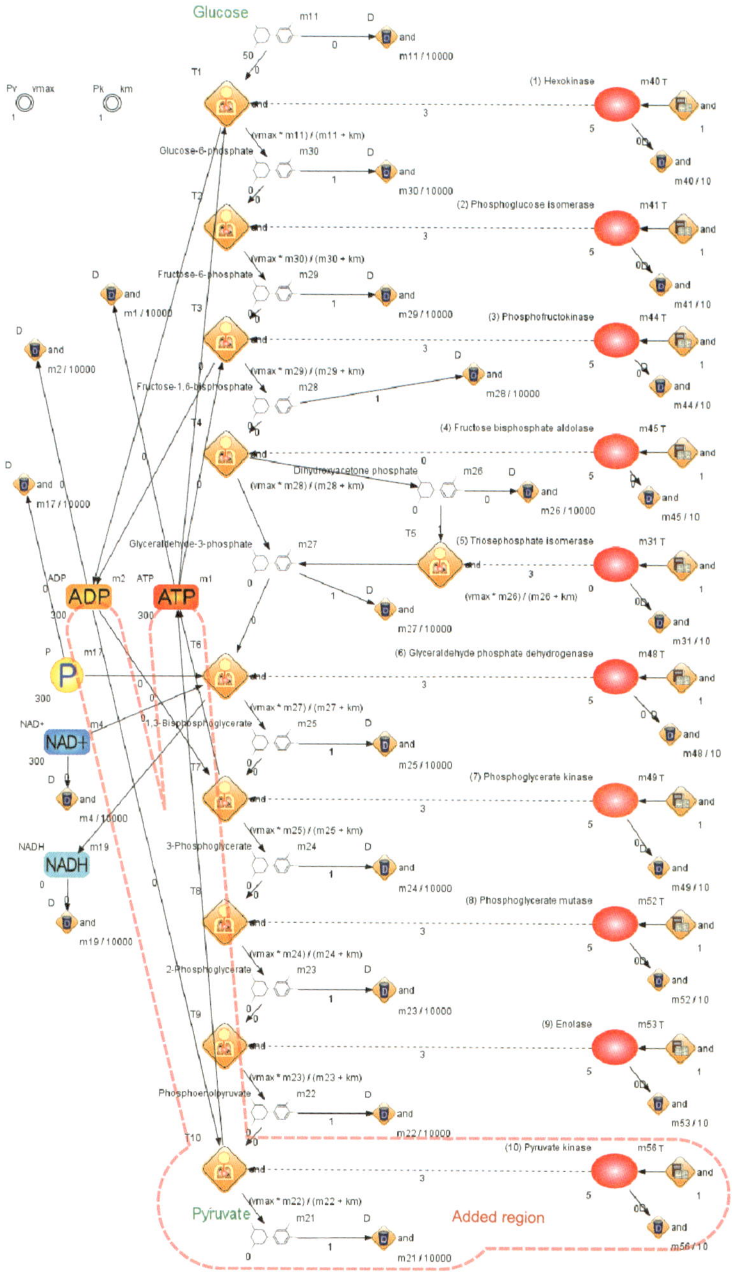

그림 5.28

연습 5.2.8

연습 5.2.7에서 만들어진 모델에 다음 반응식 (9)를 추가해 보라.

2-Phosphoglycerate ⇄ Phosphoenolpyruvate

연습 5.2.8의 결과는 그림 5.27과 같이 될 것이다.

연습 5.2.9

연습 5.2.8에서 만들어진 모델에 다음 반응식 (10)을 추가해 보라.

Phosphoenolpyruvate + ADP ⇄ Pyruvate + ATP

연습 5.2.9의 결과는 그림 5.28과 같이 될 것이며, 이는 그림 5.16에 나타난 모식도에 대한 완전한 모델이다.

COLUMN 7

Cell Illustrator 포럼

본서의 내용 전반에 대한 질문은 Cell Illustrator 토론 페이지를 통해 가능하다.

http://www.csml.org/forum/en

CSML, Cell Illustrator를 활용한 패스웨이 모델링과 관련된 질문도 상기 홈페이지를 통해 가능하다.

5.2.4 해당 패스웨이 모델의 시뮬레이션

Glucose, pyruvic acid, ADP, NAD^+, NADH의 농도 변화를 시뮬레이션한 결과는 그림 5.29와 같다. (여기서 시뮬레이션 시간은 200[pt]가 적당하다). 5.2절 초반부에서 언급한 것과 같이 전체 모델은 다음과 같이 간단히 나타낼 수 있다.

$$\text{Glucose} + 2\text{ADP} + 2\text{NADH} \rightarrow 2\text{Pyruvic acid} + 2\text{ATP} + 2\text{NAD}^+$$

실제, 그림 5.29를 보면 대사에 사용된 glucose 양의 약 2 배가량의 pyruvic acid가 생산된 것을 알 수 있다.
좀 더 복잡한 모델의 시뮬레이션은 간단한 모델을 통해서는 감지할 수 없는 미세한 변화, 중간 생성물의 상태, 중간 생성물에 관계하는 반응에 이상이 생겼을 때 어떤 결과가 나타나는지 등의 이해에 많은 도움을 준다.

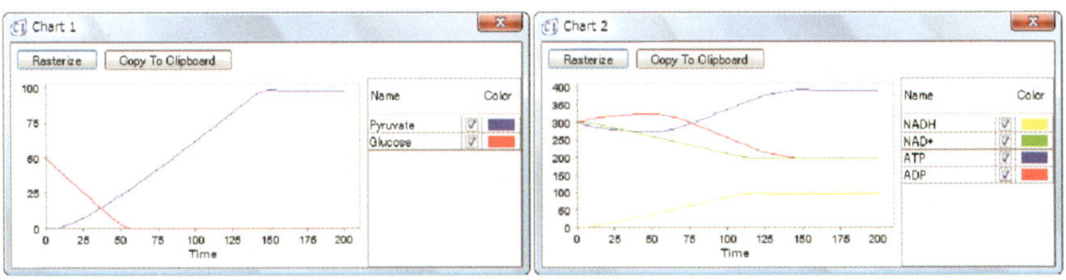

그림 5.29

5.2.5 모델의 개선

앞 절에서 작성한 모델에 몇 가지 작은 이벤트를 추가함으로써 좀 더 실제에 가까운 모델로 만들어 볼 수 있다.
일반적으로 생체 내에서는 ATP가 다양한 활동에 사용됨에 따라 ADP가 축적된다. 또한, 다양한 생체 내 반응을 통해 NADH에서부터 NAD^+가 생산된다.

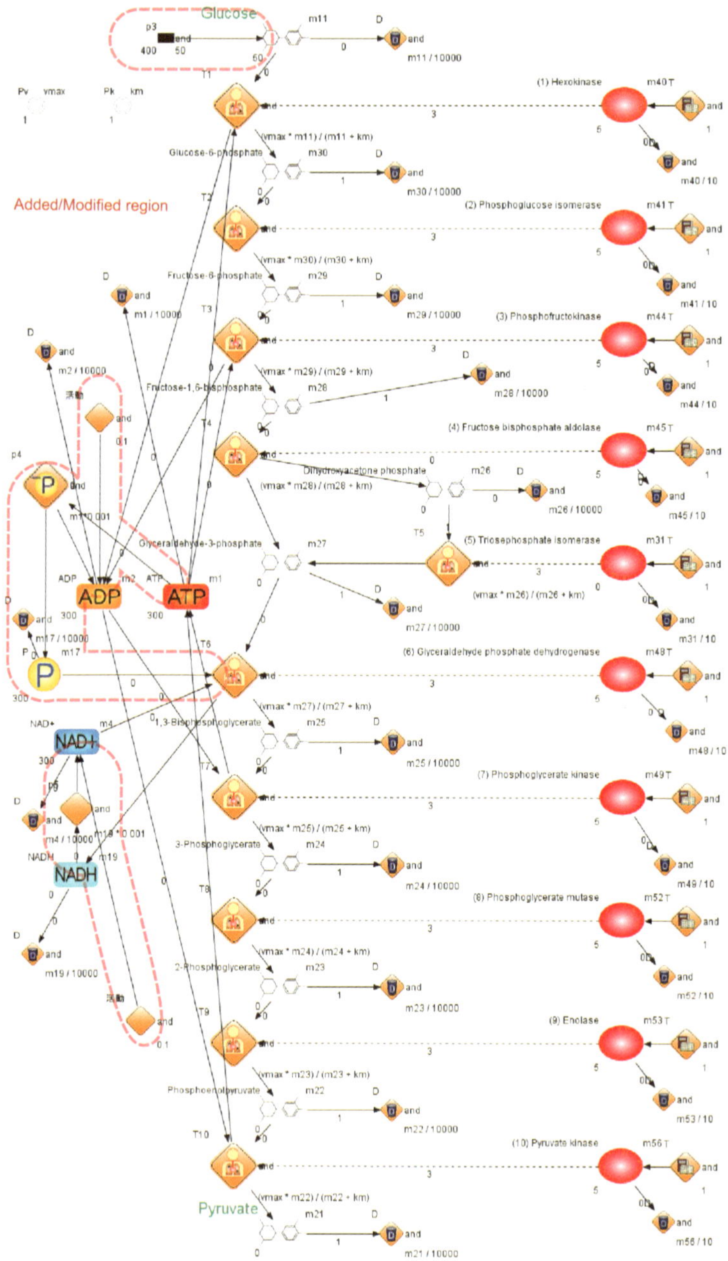
Glucose
Added/Modified region
(1) Hexokinase
(2) Phosphoglucose isomerase
(3) Phosphofructokinase
(4) Fructose bisphosphate aldolase
(5) Triosephosphate isomerase
(6) Glyceraldehyde phosphate dehydrogenase
(7) Phosphoglycerate kinase
(8) Phosphoglycerate mutase
(9) Enolase
(10) Pyruvate kinase
Glucose-6-phosphate
Fructose-6-phosphate
Fructose-1,6-bisphosphate
Dihydroxyacetone phosphate
Glyceraldehyde-3-phosphate
1,3-Bisphosphoglycerate
3-Phosphoglycerate
2-Phosphoglycerate
Phosphoenolpyruvate
Pyruvate
ADP
ATP
NAD+
NADH
P
(vmax * m11) / (m11 + km)
(vmax * m30) / (m30 + km)
(vmax * m29) / (m29 + km)
(vmax * m28) / (m28 + km)
(vmax * m26) / (m26 + km)
(vmax * m27) / (m27 + km)
(vmax * m25) / (m25 + km)
(vmax * m24) / (m24 + km)
(vmax * m23) / (m23 + km)
(vmax * m22) / (m22 + km)

그림 5.30

이러한 반응을 고려한 것이 그림 5.30에 나타나있다. 이 모델은 생물의 정기적인 음식 섭취를 모방하기 위해 일정 시간 동안 (여기서는 400[pt]) 일정량의 글루코스 (여기서는 50)를 공급한다. 이 모델은 글루코스 량이 주기적으로 변하는 파동을 포함하기 때문에 앞선 모델보다 시뮬레이션 시간을 길게 설정했으며 (여기서는 2000[pt]), Chart Update Interval을 약간 크게 (여기서는 2[pt]) 설정했다. 시뮬레이션 결과는 그림 5.31에 나와 있다.

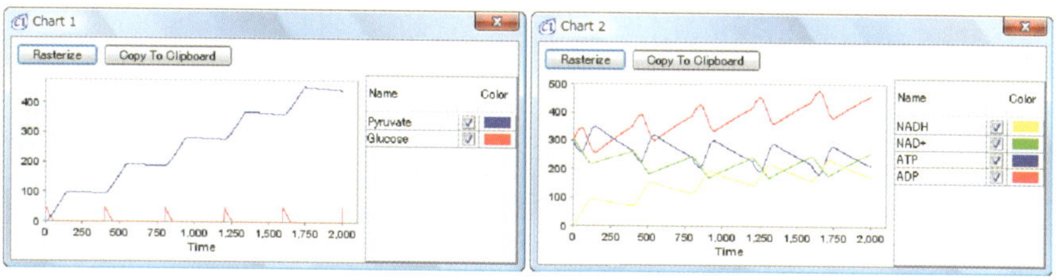

그림 5.31

COLUMN 8

Cell Illustrator 3.0에서 반응 속도 표현 양식

Cell Illustrator에서는 7가지의 반응 속도 양식을 설정할 수 있다. 즉, mass, stochasticmass (stochastic mass), stochasticlognormalmass (stochastic log normal mass), michaelismenten (Michaelis-Menten), connectorrate (connector rate), connectorcustom (connector custom), custom의 양식을 설정할 수 있다. 아래에서는 각 반응 양식의 의미와 필요한 파라미터에 대하여 설명한다. 엔티티가 입력 커넥터에 연결되어 값이 줄어드는 속도를 소비 속도라고 하고, 엔티티가 출력 커넥터에 연결되어 값이 증가하는 속도를 생산 속도라고 한다. 이하의 설명을 위하여, 프로세스 p1은 하나의 출력 커넥터 c0과 *k* 개의 입력 커넥터 c1, …, c*k*를 갖고, 이들에 연결된 각 엔티티의 값을 m0, m1,…, m*k*라고 하자. c*i*는 *i*번째 커넥터를 나타낸다.

일반적으로, "mass"나 "michaelis menten"의 반응 속도 양식만으로도 간단한 모델을 만들 수 있다. 반응 속도 양식을 사용하는 예제는 부록 CD-ROM의 Models\Chapter5\kineticStyle.xml에 나와 있다.

mass
보통 반응에서, 반응하는 물질의 양에 의존하여 반응이 진행되는 경우에 사용한다 (표 5.2).

표 5.2

반응식 속도식	mass $(a,b,\mathrm{m1},\cdots,\mathrm{m}k)=a \cdot b^k \cdot \mathrm{m1} \cdot \cdots \cdot \mathrm{m}k$	
이름	계수의 의미	초기치
Coefficient1 (=a)	반응 속도를 결정하는 계수 중의 하나로서 큰 값을 가질수록 반응이 빨라진다.	0.1
Coefficient2 (=b)	반응 속도를 결정하는 계수 중의 하나로서 반응 물질의 수와 관계가 있다.	1.0
ci Stoichiometry (=si)	i번째 커넥터로서 입력 커넥터일 때 그 소비 속도는 mass $(a,b,\mathrm{m1},\cdots,\mathrm{m}k) \cdot si$ 이고, 출력 커넥터일 때 si가 생산 속도를 결정한다.	1.0

stochasticmass
mass와 비슷하지만, 반응 속도가 Gaussian noise를 포함할 때 사용한다 (표 5.3).

표 5.3

반응 속도식	smass $(a,b,\mathrm{m1},\cdots,\mathrm{m}k)=a \cdot b^k \cdot \mathrm{m1} \cdots \mathrm{m}k + \varepsilon,\ \varepsilon \sim N(0,\sigma^2)$	
이름	계수의 의미	초기치
Coefficient1 (=a)	반응 속도를 결정하는 계수 중의 하나로서 큰 값을 가질수록 반응이 빨라진다.	0.1
Coefficient2 (=b)	반응 속도를 결정하는 계수 중의 하나로서 반응 물질의 수와 관계가 있다.	1.0
ci Stoichiometry (=si)	i번째 커넥터로서 입력 커넥터일 때 그 소비 속도는 smass $(a,b,\mathrm{m1},\cdots,\mathrm{m}k) \cdot si$ 이고, 출력 커넥터일 때 si가 생산 속도를 결정한다.	1.0
Standard deviation (=σ)	반응 속도의 편차를 나타내며, σ=0으로 두면 mass와 같게 된다.	1.0

stochasticlognormalmass

mass와 비슷하지만, 반응 속도가 lognormal noise를 포함할 때 사용한다 (표 5.4).

표 5.4

반응 속도식	slogmass $(a,b,m1,\cdots,mk)=(a \cdot b^k \cdot m1 \cdots mk)e^{\varepsilon}$, $\varepsilon \sim N(0,\sigma^2)$	
이름	계수의 의미	초기치
Coefficient1 (=a)	반응 속도를 결정하는 계수 중의 하나로서 큰 값을 가질수록 반응이 빨라진다.	0.1
Coefficient2 (=b)	반응 속도를 결정하는 계수 중의 하나로서 반응 물질의 수와 관계가 있다.	1.0
ci Stoichiometry (=si)	i번째 커넥터로서 입력 커넥터일 때 그 소비 속도는 slogmass $(a,b,m1,\cdots,mk) \cdot si$ 이고, 출력 커넥터일 때 si가 생산 속도를 결정한다.	1.0
Standard deviation (=σ)	반응 속도의 편차를 나타내며, σ=0으로 두면 mass와 같이 된다.	1.0

michaelismenten

자주 사용되는 Michaelis-Menten의 효소 반응식으로서, K_m과 V_{max}를 지정해야 한다. 이 반응식은 적어도 보조 커넥터를 가진 하나의 효소가 필요하다 (표 5.5).

표 5.5

이름	계수의 의미	초기치
K_m	Michaelis-Menten식의 K_m 값을 의미한다.	0.1
V_{max}	Michaelis-Menten식의 V_{max} 값을 의미한다.	1.0

connectorrate

이 반응식은 반응 프로세스에 연결된 모든 엔티티의 소비 및 생산 속도가 어떤 속도에 비례할 때 사용한다 (표 5.6).

표 5.6

이름	계수의 의미	초기치
Rate (=*r*)	모든 커넥터에 생산/소비 속도를 기본적인 값으로 설정한다.	0.1
c*i* Stoichiometry (=*si*)	*i*번째 커넥터로서 입력 커넥터일 때 그 커넥터를 통한 소비 속도는 r · *si* 이고, 출력 커넥터일 때 *si*가 생산 속도를 결정한다.	1.0

connectorcustom

반응 프로세스에 연결된 각 엔티티의 소비 및 생산 속도를 다르게 지정하고자 할 때 사용한다 (표 5.7).

표 5.7

이름	계수의 의미	초기치
c*i* Stoichiometry (=*si*)	*i*번째 커넥터로서 입력 커넥터일 때 그 커넥터를 통한 소비 속도는 *si* 가 되고, 출력 커넥터일 때 *si*가 생산 속도를 결정한다.	0

custom

반응 프로세스에 연결된 모든 엔티티의 소비 및 생산 속도를 하나의 반응식으로 표현할 수 있을 때 사용한다 (표 5.8).

표 5.8

이름	계수의 의미	초기치
Speed	프로세스에 연결된 모든 프로세스 커넥터의 생성/소비 속도를 설정한다.	1.0

5.3 유전자 제어 네트워크 모델 만들기

유전자 제어 네트워크(gene regulatory network)의 예로서 마우스 체내 시계가 생물학적 주기 (24시간)에 관여하는 시스템을 모델링해 보자.

5.3.1 체내 시계와 생물학적 리듬

생물체는 시간의 흐름을 감지하고 활동하고 있다. 이것은 체내 시계(biological clock)가 존재하기 때문이라고 한다. 체내 시계는 일일 주기 (circadian, 24시간), 월 주기 (circatrigintan, 30일), 연 주기 (circannual, 1년) 등에 관련하며, 다양한 외부 환경에 따라 동조하는 것으로 생각된다.
본 장에서는 이 가운데서 **일일 주기**의 유전자 네트워크에 한하여 살펴보기로 한다. 일일 주기를 나타내는 **circadian**은 라틴어의 circa (around)와 dies (1 day)의 합성어로서 날마다 반복되는 것을 나타낸다.
사람은 보통 24시간을 1일로 생활하고 있다. 하지만, 시간을 알려주지 않고, 빛이 들어오지 않는 어두운 곳에서 생활하게 되면 식사와 수면의 간격이 늘어나 25시간을 1일로 생활하게 된다고 한다. 이것은 내적인 시계 메커니즘이 존재한다는 것을 보여준다. 이 25시간의 주기는 **자유 계속 리듬** (free run rhythm)이라고 알려져 있다. 이 자유 계속 리듬은 종마다 다르며, rat은 24.5시간, 마우스는 23.5 시간이다. 이렇게 종간의 자유 계속 리듬이 차이를 보이는 것은 체내 시계 메커니즘이 유전적 배경을 가지고 있음을 함축한다.
실제 일상 생활에서는 하루 24시간의 주기로 활동하기 때문에 자유 계속 리듬은 24시간의 주기에 동조 되며, 이러한 동조에 가장 큰 영향을 끼치는 환경적인 요소는 태양빛이다.

5.3.2 마우스 circadian 리듬의 유전자 제어 네트워크

그림 5.32는 현재 알려진 마우스의 circadian 리듬에 대한 유전자 제어 관계를 나타낸다. 그림에 나타난 메커니즘을 간단히 설명하면 다음과 같다.
먼저, *Bmal* 유전자의 산물인 BMAL 단백질은 *Clock* 유전자에 의해 생성된 CLOCK 단백질과 결합하여 BMAL/CLOCK의 헤테로 이합체 (두 개의 다른 분자가 결합함을 뜻함)가 된 다음, 핵으로 옮겨져서 *Per*, *Cry*, *Rev-Erb*의 전사를 활성화한다.
Per 유전자에 의해서 생성된 PER 단백질과 *Cry* 유전자에 의해서 생성된 CRY 단백질은 결합하여 헤테로 이합체를 생성하고, 핵으로 옮겨져서 *Per*, *Cry*, *Rev-Erb*의 전사를 억제한다. 따라서 *Per*와 *Cry*는 자신들의 유전자 산물에 의해 간접적으로 자신들의 유전자가 제어되므로, negative feedback loop를 형성하고 있다.
Rev-Erb 유전자는 REV-ERB 단백질을 생성하고, 핵으로 이동한 다음 *Bmal* 유전자의 전사를 억제한다. 따라서 *Bmal*과 *Clock* 역시 *Rev-Erb*를 통하여 negative-feedback을 형성한다. *Rev-Erb*의 전사 역시 PER/CRY 헤테로 이합체에 의해 억제 받게 된다. 따라서 *Rev-Erb* 유전자는 *Per-Cry*와 *Bmal-Clock* 2개의 feedback loop를 동조시키는 역할을 하고 있다.
이처럼 마우스 시계 유전자의 제어 메커니즘은 서로 상호 조절하는 2개의 negative feedback loop가 밀접하게 관련되어 있다.

5.3.3 마우스 circadian 리듬의 모델링

5.1과 5.2절에서 일련의 순서에 따라 Cell Illustrator 모델을 만들어 본 것과 같이 마우스 circadian 리듬에 관련된 모델을 만들어보자. 즉, 그림 5.32에 나타난 유전자 제어 관계를 Cell Illustrator에서 실행할 수 있는 모델로 만들어 보는 것이 본 절의 목표이다.

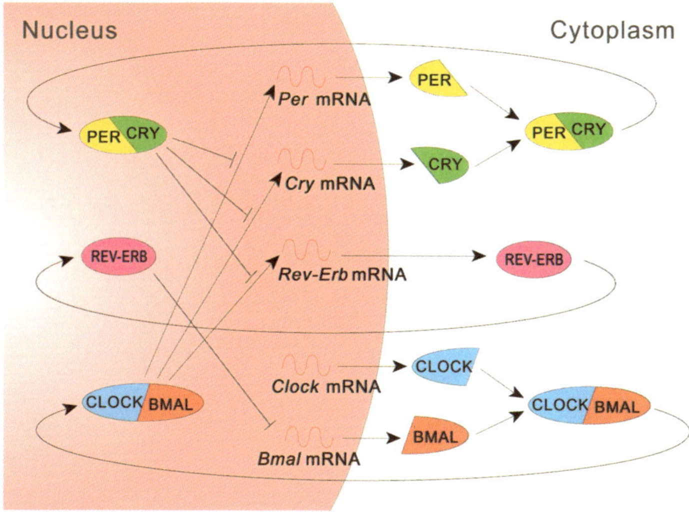
Nucleus
Cytoplasm
Per mRNA
PER
PER CRY
PER CRY
Cry mRNA
CRY
REV-ERB
Rev-Erb mRNA
REV-ERB
CLOCK
Clock mRNA
CLOCK BMAL
CLOCK BMAL
BMAL
Bmal mRNA

그림 5.32

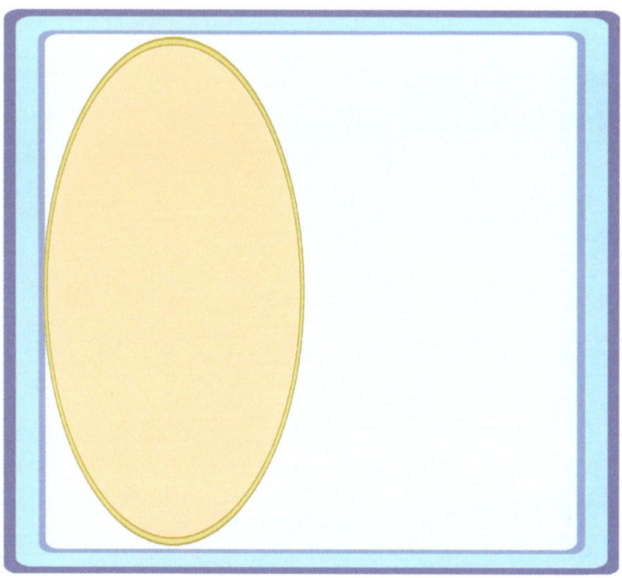

그림 5.33

5.3.3.1 핵과 세포질의 배치

본 모델에서는 핵과 세포질에서의 제어 네트워크를 다룰 것이다. 먼저, 그림 5.33에서와 같이 핵과 세포질을 배치한다. 핵의 위치와 크기는 시뮬레이션 결과에 영향을 미치지는 않지만, 여기서는 그림 5.33과 같은 형태로 배치해 보기로 한다. 이와 같은 작업은 Cell Illustrator의 메뉴를 통해 간단히 할 수 있다 ("Edit Parts" → [cells] → [animal_cell_nucleus]).

5.3.3.2 Per의 전사와 번역

유전자 *Per*의 전사와 번역은 마우스 circadian 리듬 제어에 관련되어 있다고 알려져 있다.

연습 5.3.1

핵 안에 *Per*에 대한 전사 프로세스 를 만들어 보라. *Per*의 mRNA에 대한 아이콘은 로 사용하고, 전사 속도는 1로 한다.

연습 5.3.2

세포질 내에 *Per* mRNA 를 번역하는 프로세스 를 추가해 보라. 단백질 PER에 대한 아이콘은 를 사용한다.

연습 5.3.3

PER의 그래프에서 볼 수 있듯이, *Per*의 번역 속도는 *Per* mRNA의 양에 의존하지 않는다. 이 모델에서 *Per*의 번역 속도가 *Per* mRNA의 농도에 의존하도록 *Per*의 번역 속도를 *Per* mRNA 농도의 1/5로 설정하고 시뮬레이션을 수행해 보라.

결과는 그림 5.34와 같이 될 것이다.

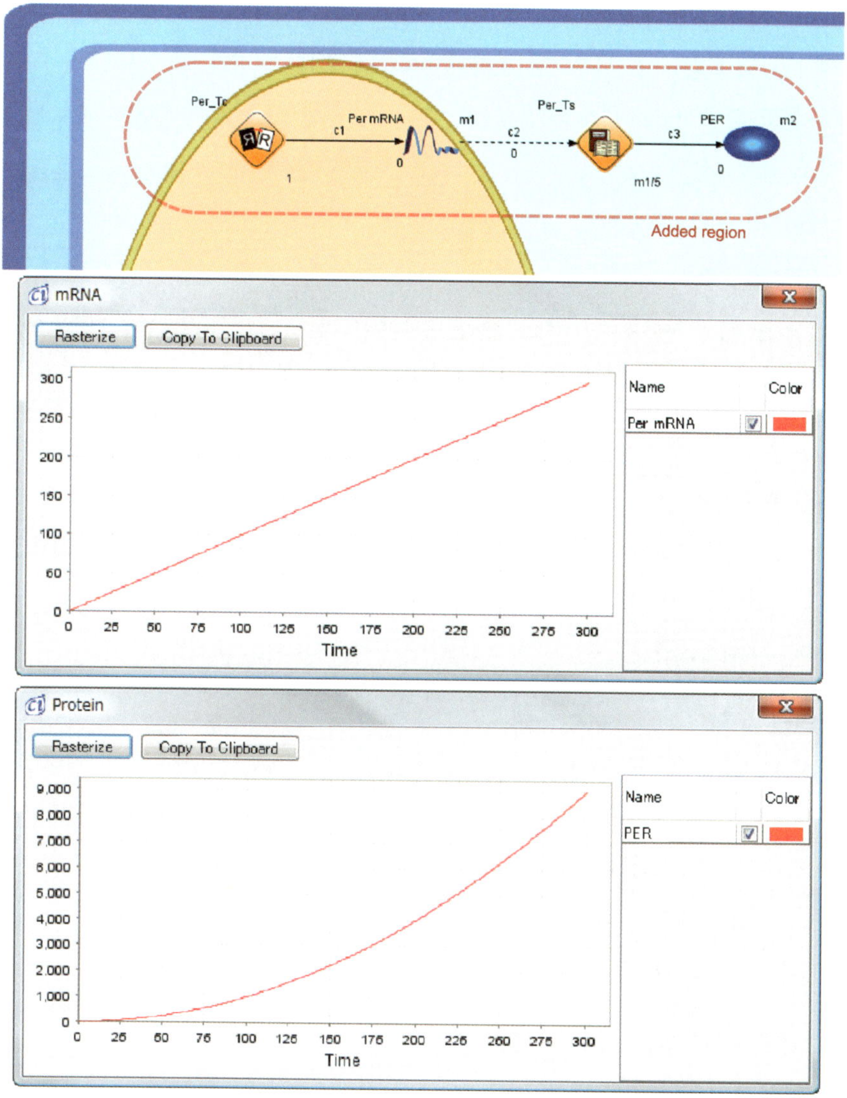

그림 5.34

5.3.3.3 *Cry*의 전사와 번역

Per 유전자의 전사와 번역에서와 같이 *Cry*의 전사와 번역에 대한 모델을 추가해 보기로 한다. 여기서부터는 다양한 색의 엔티티를 사용해 보기로 한다 (부록 CD-ROM의 "PrepareElements" 폴더 속의 EntitiesForCircadianModel.xml 파일 참조).

연습 5.3.4

*Cry*에 대해 전사 프로세스 를 만들어보라. *Cry*의 mRNA에 대한 아이콘으로 를 사용하고 전사 속도를 1로 한다.

연습 5.3.5

*Cry*의 번역 프로세스 를 만들어보라. 단백질 CRY에 대한 아이콘으로 를 사용한다.

연습 5.3.6

이 모델은 *Cry*의 번역 속도를 *Cry* mRNA의 농도에 관계없이 일정하게 한다. 이 모델을 연습 5.3.3과 같이 *Cry*의 번역 속도를 *Cry* mRNA 농도의 1/5로 한다.

결과는 그림 5.35와 같이 될 것이다.

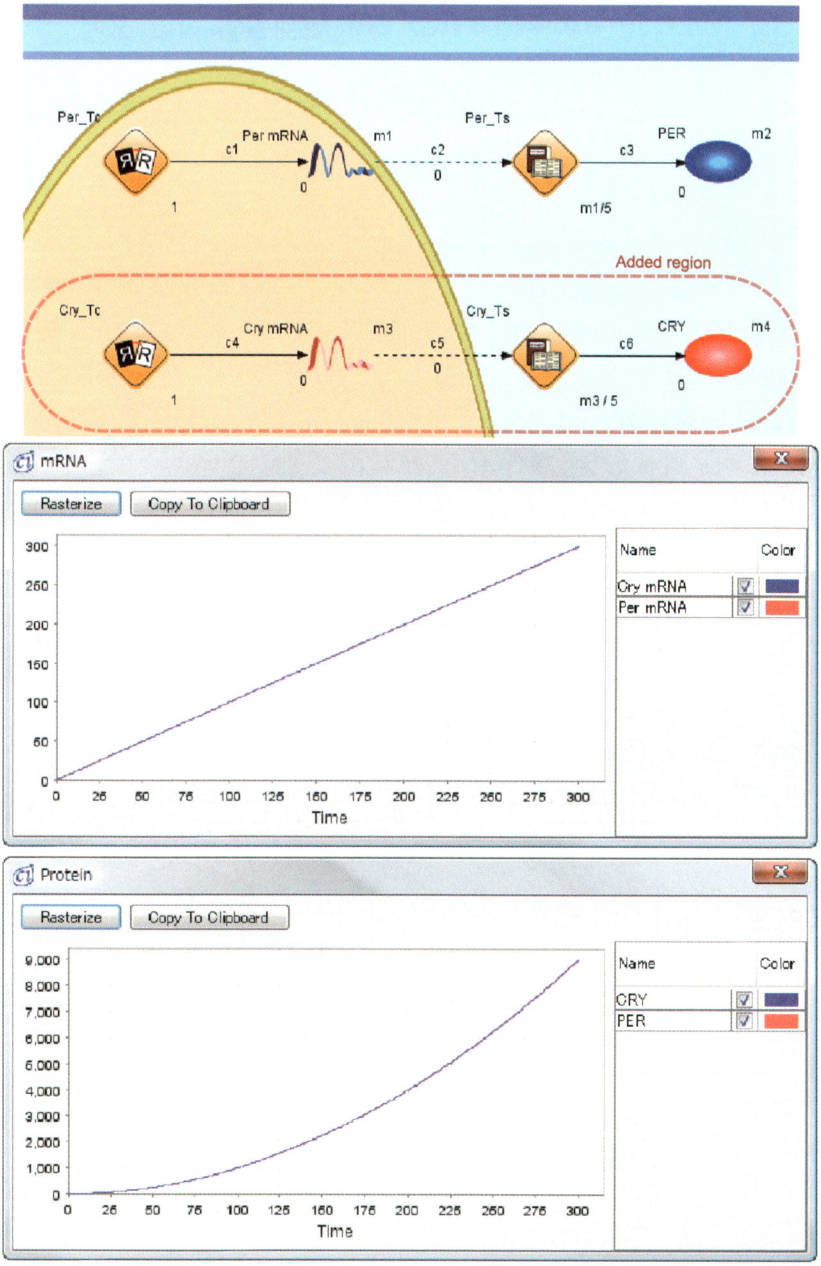
Per_Tc
Per mRNA
c1
m1
1
0
c2
0
Per_Ts
c3
PER
m2
0
m1/5
Added region
Cry_Tc
Cry mRNA
c4
m3
1
0
c5
0
Cry_Ts
c6
CRY
m4
0
m3 / 5
mRNA
Rasterize
Copy To Clipboard
Name
Color
Cry mRNA
Per mRNA
Time
Protein
Rasterize
Copy To Clipboard
Name
Color
CRY
PER
Time

그림 5.35

5.3.3.4 *Per*와 *Cry* mRNA와 PER와 CRY 단백질의 자연 분해

여기까지의 모델은 *Per*와 *Cry*의 전사부터 번역까지를 포함하고 있다. 여기서는 이들 유전자 산물들의 분해에 관여하는 프로세스를 추가해 보자.

연습 5.3.7

Per mRNA, *Cry* mRNA와 단백질 PER와 CRY에 분해 프로세스 Ⓓ를 추가해 보라. 분해 속도는 분해되는 각 엔티티의 농도에 의존하도록 설정하되, mRNA의 분해 속도는 mRNA 농도의 1/5로 하고, 단백질의 분해 속도는 단백질 농도의 1/10로 한다 (단백질의 분해 속도가 mRNA의 분해 속도보다 느리게 설정된 이유는 단백질이 mRNA보다 안정적이기 때문이다).

연습 5.3.8

연습 5.3.7의 모델을 시뮬레이션해 보고, *Per*와 *Cry*의 mRNA, 단백질 PER와 CRY의 농도가 정상 상태로 수렴하는지 확인해 보라.

시뮬레이션의 결과는 그림 5.36과 같이 나타날 것이다.

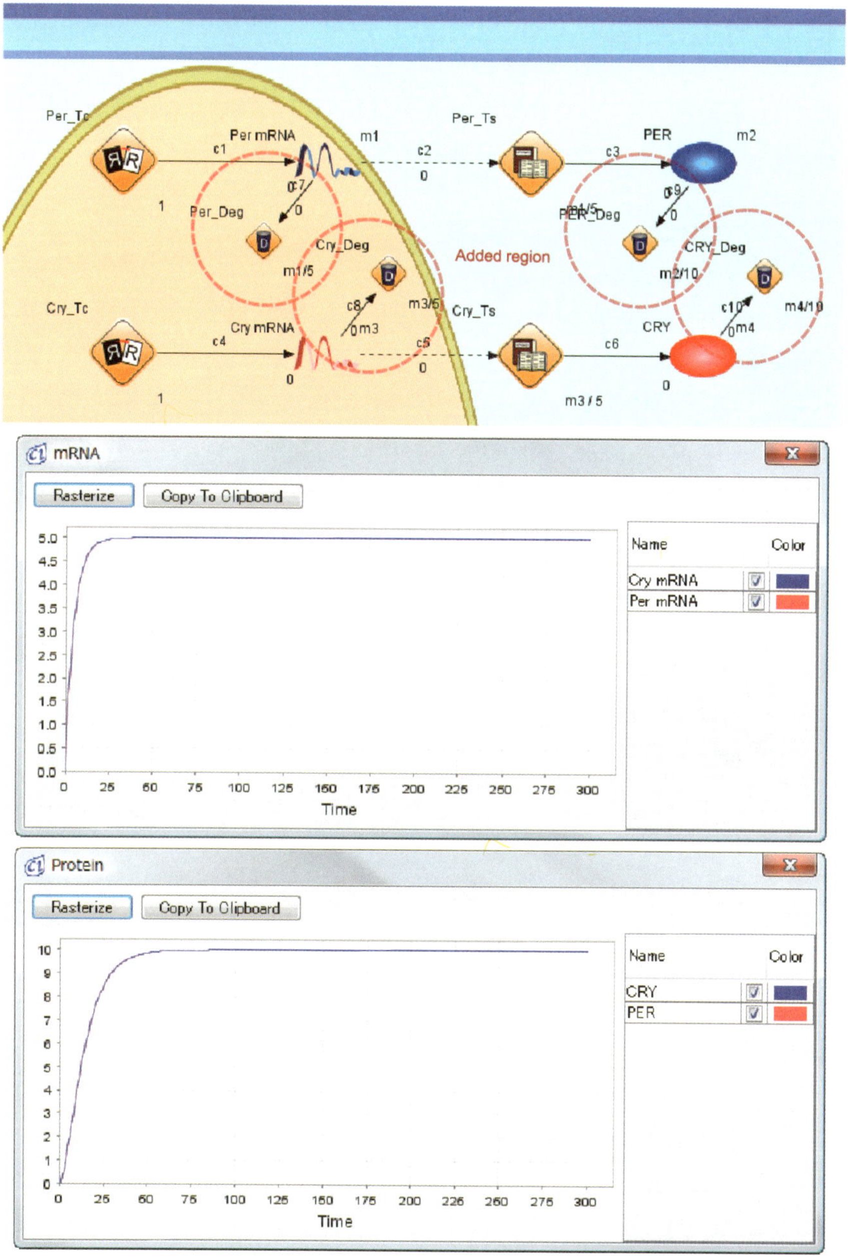
Per_Tc
Per mRNA
m1
c1
c2
Per_Ts
c3
PER
m2
Per_Deg
PER_Deg
Cry_Deg
Added region
CRY_Deg
m1/5
m2/10
Cry_Tc
m3/5
Cry_Ts
m4/10
Cry mRNA
CRY
c4
c6
m3 / 5
mRNA
Rasterize
Copy To Clipboard
Time
Name
Color
Cry mRNA
Per mRNA
Protein
Rasterize
Copy To Clipboard
Time
Name
Color
CRY
PER

그림 5.36

5.3.3.5 PER 단백질과 CRY 단백질의 관계

PER 단백질과 CRY 단백질은 결합하여 PER/CRY 복합체를 형성하며, 이 복합체는 PER나 CRY 단백질 단량체보다 더 안정되어 있다.

연습 5.3.9

PER 단백질과 CRY 단백질이 PER/CRY 복합체 를 형성하는 결합 프로세스 를 추가해 보라. 결합 프로세스의 속도는 PER 단백질 농도와 CRY 단백질 농도의 곱의 1/10로 한다. 또한, PER/CRY 복합체 에 대한 분해 프로세스 를 추가하고, 분해 속도는 PER/CRY 복합체 농도의 1/15로 한다.

연습 5.3.9의 결과는 그림 5.37과 같이 될 것이다.

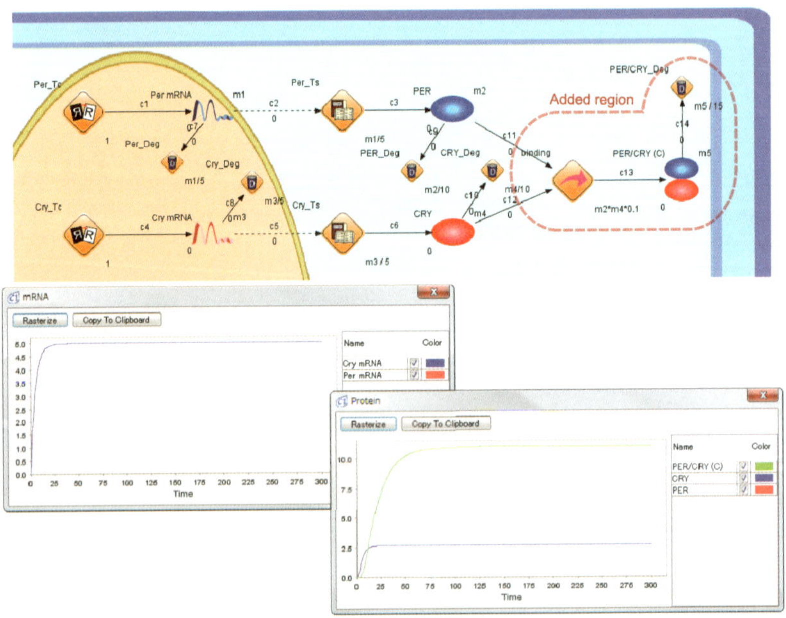

그림 5.37

연습 5.3.10

세포질에 있는 PER/CRY 복합체 는 핵 속으로 이동한다고 알려져 있다. PER/CRY 복합체의 이동에 관여하는 이동 프로세스 를 추가해 보라. 이동 속도는 PER/CRY 복합체 농도의 1/10로 한다.

연습 5.3.11

핵 속으로 이동된 복합체 PER/CRY 에 대한 분해 프로세스 를 추가해 보라. PER/CRY 복합체의 상대적인 안정성을 고려하여 분해 속도는 PER/CRY 농도의 1/15로 한다.

결과는 그림 5.38과 같이 될 것이다.

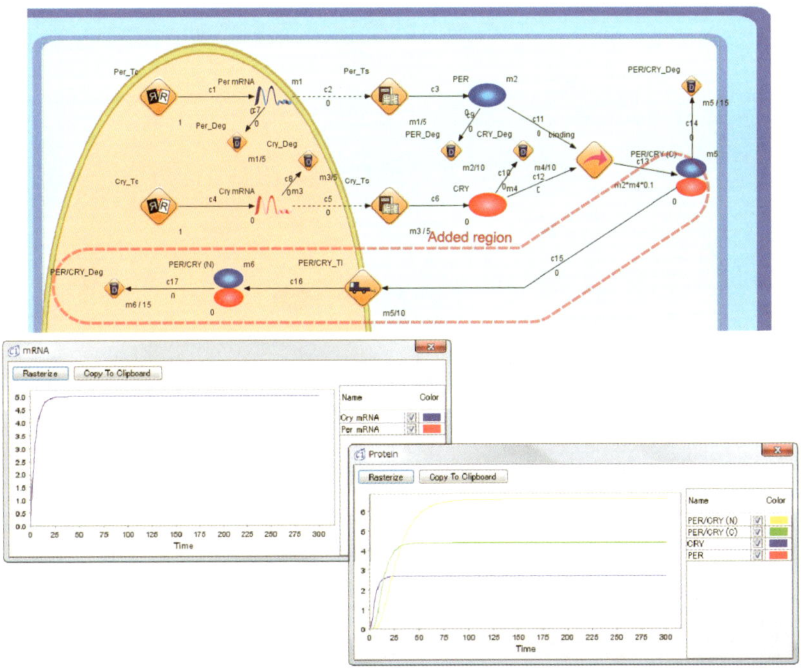

그림 5.38

5.3.3.6 유전자 *Per*와 *Cry*의 negative feedback loop

핵 속으로 이동된 PER/CRY 복합체는 유전자 *Per*와 *Cry*의 전사를 억제하여 negative feedback loop를 형성한다.

연습 5.3.12

억제 커넥터 ⊥를 사용하여, 핵 내의 PER/CRY 복합체가 *Per* 유전자와 *Cry* 유전자의 전사를 억제하는 과정을 나타내 보자. 각 유전자에 대한 억제 커넥터의 임계치는 1.5로 설정한다. 본 모델의 시뮬레이션을 실행해 보고, *Per* mRNA의 농도가 주기적인 파동을 보이는지 확인해 보라.

연습 5.3.12의 결과는 그림 5.39와 같이 나타날 것이다.

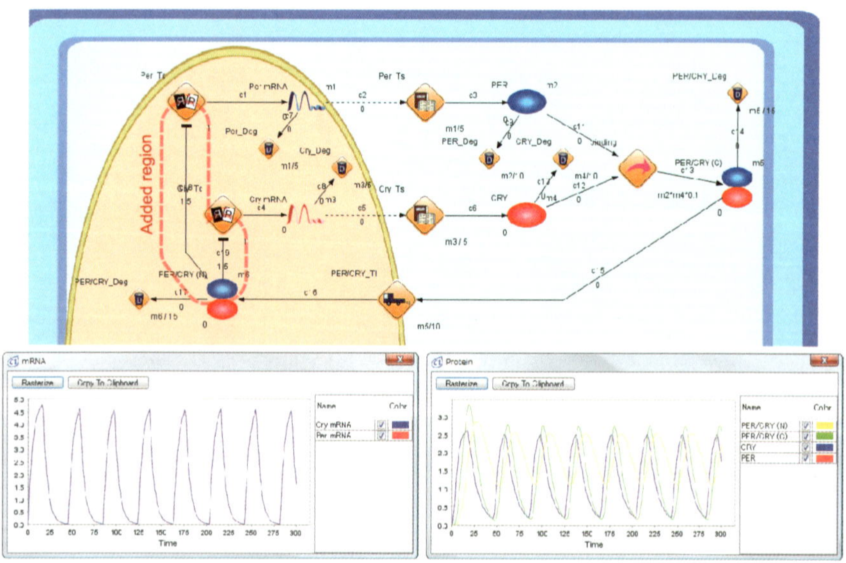

그림 5.39

5.3.3.7 *Rev-Erb* 유전자의 도입

마우스 circadian 리듬은 두 개의 feedback loop에 의해 조절된다. 즉, 하나는 *Per*와 *Cry*의 것이고, 다른 하나는 *Bmal* 와 *Clock*의 것이다. 유전자 *Rev-Erb*는 이 두 개의 feedback loop를 연결하게 하고, 동조시키는 역할을 한다.

연습 5.3.13

Rev-Erb mRNA은 로 나타내고 전사 프로세스 를 더하라. *Rev-Erb* mRNA 에서 단백질 REV-ERB 로의 번역 프로세스 를 추가하라. *Rev-Erb*의 전사 프로세스가 PER/CRY 복합체 에 의해 억제되도록 억제 커넥터를 추가한다. 억제 커넥터의 임계치는 1.4로 한다. *Rev-Erb* mRNA 의 번역 속도는 mRNA 농도의 1/10로 하고, 분해 속도는 *Cry* 유전자에서와 같이 설정한다.

연습 5.3.14

번역 후 단백질 REV-ERB는 핵 속으로 이동한다고 알려져 있다. 이 모델에 이동 프로세스 를 추가해 보라. 이동 속도는 REV-ERB 농도의 1/10로 하고, 핵 속에서의 분해 속도 역시 핵 내로 옮겨진 REV-ERB 농도의 1/10로 한다.

결과는 그림 5.40과 같이 될 것이다.

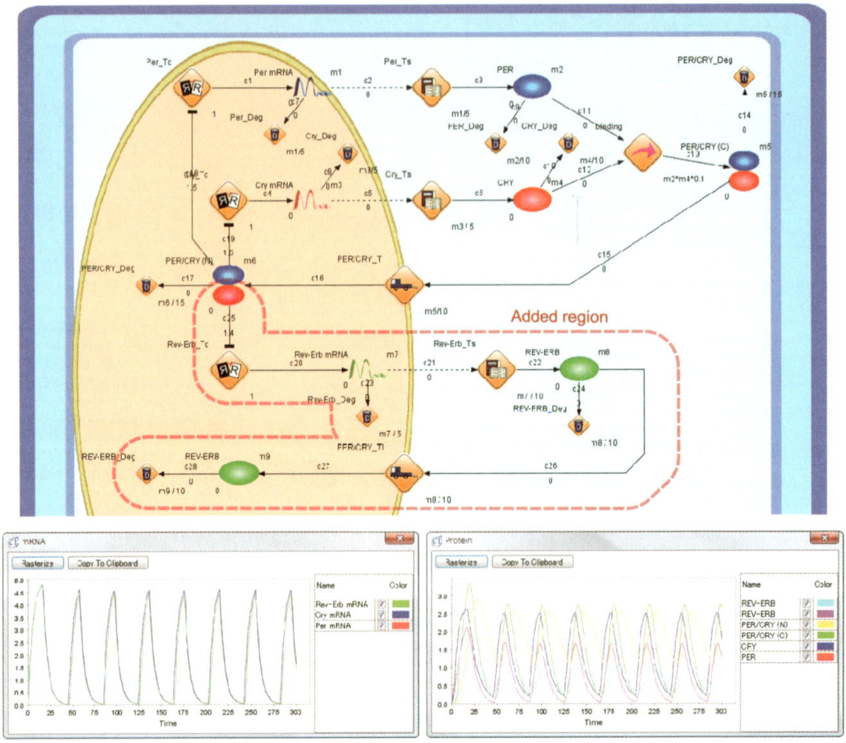

그림 5.40

5.3.3.8 *Bmal*과 *Clock* 유전자의 전사와 번역

*Per*와 *Cry* 유전자와 같이 *Bmal*과 *Clock* 유전자도 복합체를 형성한다. 또한, *Bmal* 유전자의 전사는 핵 속에 있는 단백질 REV-ERB에 의해 억제받는 것으로 알려져 있다.

연습 5.3.15

*Per*와 *Cry* 유전자에 대한 모델을 참조하여 *Bmal*과 *Clock* 유전자의 전사, 번역, 분해까지의 프로세스를 모델에 추가해 보라. 번역 속도는 mRNA 농도에 비례하게 하고, 분해 속도는 분해되는 물질의 농도에 비례하게 한다 (*Per*와 *Cry*의 경우와 같은 방식으로). 그 다음, 억제 커넥터를 사용하여 핵 속으로 옮겨진 REV-ERB 가 *Bmal* 유전자 전사 프로세스 를 억제하도록 해 보자. 억제 커넥터의 임계치는 0.8로 한다. 각 엔티티를 위해 *Bmal* mRNA는 , 단백질 BMAL은 , *Clock* mRNA는 , 단백질 CLOCK은 을 사용한다.

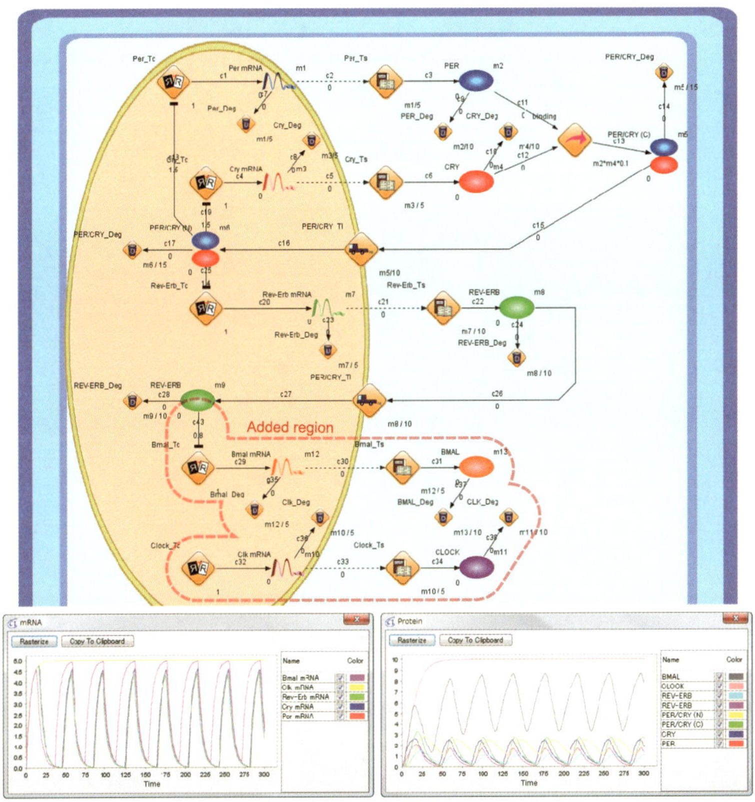

그림 5.41

결과는 그림 5.41과 같이 될 것이다.

5.3.3.9 BMAL과 CLOCK의 관계

단백질 BMAL과 CLOCK은 단백질 PER와 CRY처럼 복합체를 형성하는 것으로 알려져 있다. BMAL/CLOCK 복합체는 BMAL 또는 CLOCK보다 안정적인 것으로 알려져 있다.

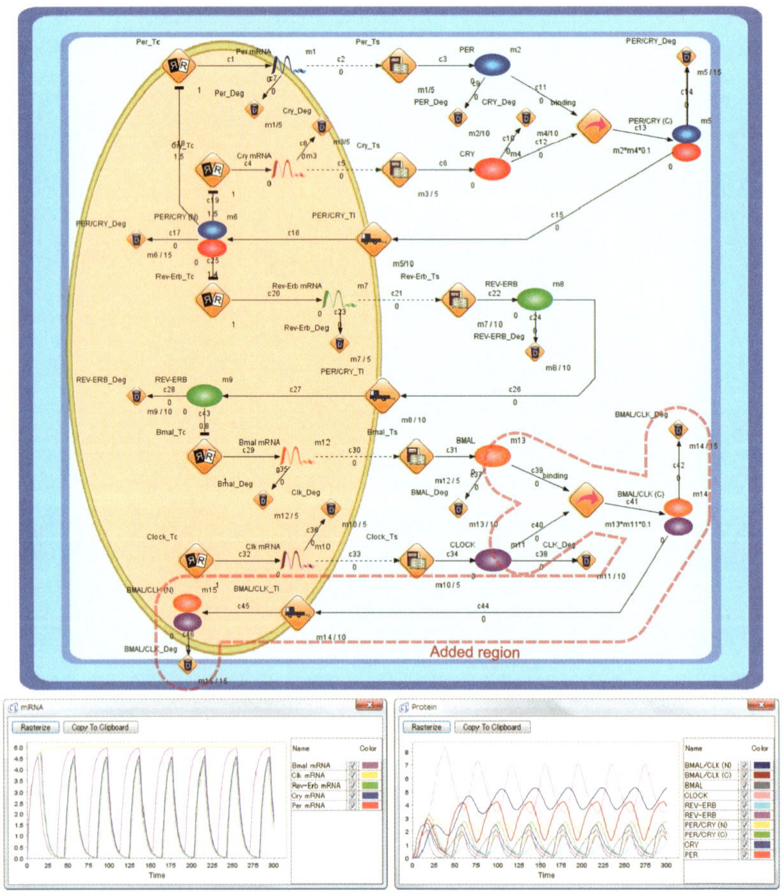

그림 5.42

연습 5.3.16

단백질 BMAL과 CLOCK이 복합체 BMAL/CLOCK 를 형성하는 결합 프로세스 를 추가해 보자. 복합체를 형성하는 속도는 BMAL 농도와 CLOCK 농도의 곱의 1/10로 한다. 또한, BMAL/CLOCK 복합체의 분해를 나타내는 분해 프로세스 를 추가하고, 분해 속도는 복합체 농도의 1/15로 한다.

연습 5.3.17

복합체 BMAL/CLOCK 은 핵 속으로 이동한다. 이 이동 프로세스를 추가해 보라. 이동 속도는 PER/CRY의 경우가 같게 한다. 또한, BMAL/CLOCK 복합체의 분해 프로세스도 PER/CRY 복합체의 경우와 같은 방식으로 추가해 보라.

연습 5.3.17의 결과는 그림 5.42에 나타나있다.

5.3.3.10 BMAL/CLOCK 복합체에 의한 전사의 활성화

BMAL/CLOCK 복합체는 핵 속에서 전사 인자로 역할을 한다고 알려져 있다. 즉, BMAL/CLOCK 복합체는 *Per*, *Cry*, *Rev-Erb* 유전자의 상류 (upstream)에서 결합하여 이들 유전자의 전사를 촉진한다.

연습 5.3.18

상기 설명된 사실에 적합하도록 모델을 수정해 보라. 즉, 보조 커넥터 를 사용하여 핵 내 BMAL/CLOCK 복합체가 *Per*, *Cry*, *Rev-Erb* 유전자의 전사 반응을 촉진하도록 해 보자. 보조 커넥터의 임계치는 0.5로 한다.

위의 결과는 그림 5.43과 같이 될 것이다.

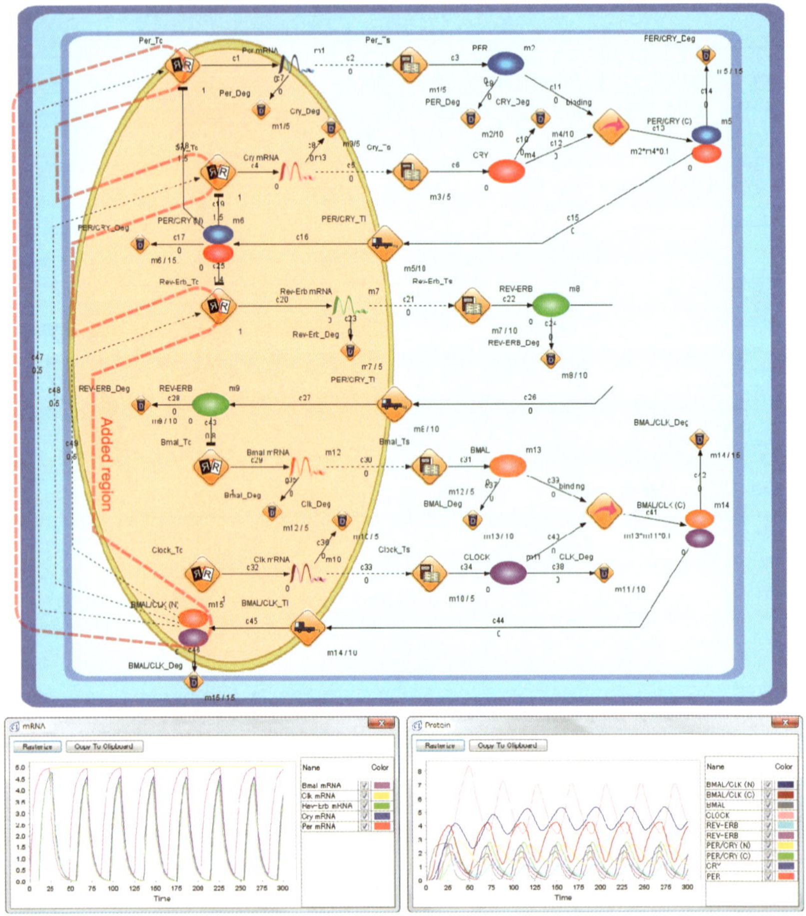

그림 5.43

5.3.4 시뮬레이션으로부터 가설 생성

그림 5.43의 모델은 기존에 알려진 유전자 제어 관계에 기초를 두고 있지만, 모델에 사용된 파라미터, 즉 반응 속도, 임계치 등은 사실을 반영하기

위해 hand-tuning에 의해 설정되었다. 그림 5.43에 나타난 결과는 circadian 리듬을 적절히 보여주는 것처럼 보이지만, 실제의 관찰 결과와 일치하지 않는다. 이것은 *Cry*와 *Bmal*의 관계 때문이다.

즉, 시뮬레이션에서는 *Cry* mRNA와 *Bmal* mRNA는 같은 시점에서 최고점을 보이지만, 실제 마우스 시계 유전자 실험에서는 *Bmal* mRNA의 최고점은 *Cry* mRNA의 최고점과 최고점 사이에 있다.

이러한 모순을 해결하기 위하여, 초파리 체내 시계 유전자 사이의 제어 관계를 참조하여, PER/CRY 복합체가 *Bmal*의 전사를 활성화하는 반응이 존재한다는 가설을 세워 보자. 비록 이것은 마우스에서 확인된 것은 아니지만, 초파리에서는 유사한 관계가 발견되었다. 초파리 체내 시계 유전자 *Tim*과 *dClk*는 각각 마우스 유전자 *Cry*와 *Bmal*과 유사하며, PER/TIM 복합체는 초파리의 유전자 *dClk*를 촉진한다.

연습 5.3.19

위에서 언급된 내용을 참조로 보조 커넥터를 사용하여 핵 속의 PER/CRY 복합체가 *Bmal*의 전사를 촉진하도록 모델을 수정해 보라. 보조 커넥터의 임계치는 1.6으로 한다.

위의 결과는 그림 5.44와 같이 될 것이다.

그림 5.43에 비하여 그림 5.44는 *Bmal* mRNA의 최고점은 *Cry* mRNA의 최고점들 사이에 놓여 있다. 임계치 1.6은 핵 속의 PER/CRY 농도의 진동 범위 내에서 선택하였다. 파라미터의 조정과 PER/CRY 복합체가 *Bmal*의 전사를 촉진하기 위해 추가된 보조 커넥터는 모델을 실험 결과에 좀 더 가깝게 하는 역할을 하였다. 이는 "PER/CRY가 *Bmal*을 촉진하다"라고 설정된 가설이 옳을 수 있음을 보여준다.

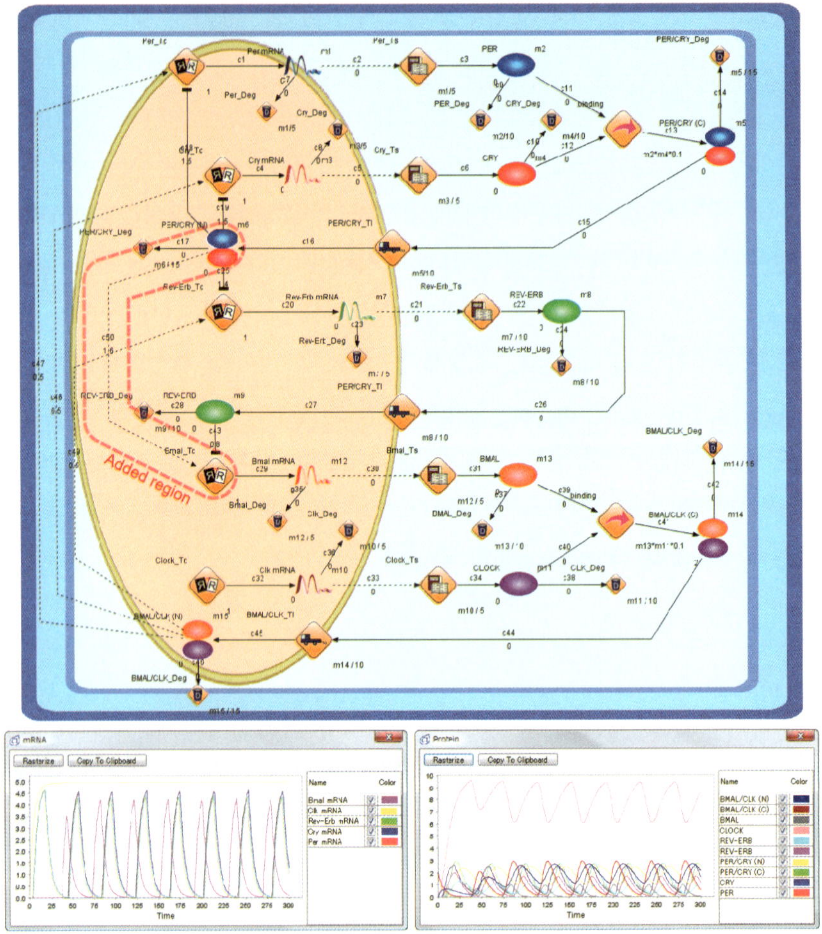

그림 5.44

하지만, 이후에 *Bmal*의 전사를 촉진하는 유전자 *Ror*가 발견되었으며, 이 *Ror* 유전자의 전사는 복합체 PER/CRY에 의해 억제된다는 것이 알려졌다. 즉, 복합체 PER/CRY는 간접적으로 *Bmal*의 전사를 억제하게 된다. 이는 위에서 설정한 가설과 모순이 된다. 이와 관계없이, 유전자 *Ror*와 단백질 ROR을 도입한 시뮬레이션의 결과를 보면 *Bmal* mRNA의 최고점이 *Cry* mRNA 최고점들 사이에 놓여 있다. 이는 *Bmal* mRNA의 최고점들을 *Cry* mRNA (*Per* mRNA)의 최고점들 사이로 이동시키는데 *Ror* 유전자가 관여하고 있음을 보여준다.

초파리 circadian 리듬에 대한 모델도 위의 마우스와 같이 Cell Illustrator에서 쉽게 만들 수 있다. 모델링 방법은 기본적으로 이 장에서 설명한 것과 같다.

그림 5.45는 초파리 circadian 리듬에 관여하는 유전자 네트워크를 보여준다. 마우스의 모델과 유사하지만, 약간의 차이가 있다.

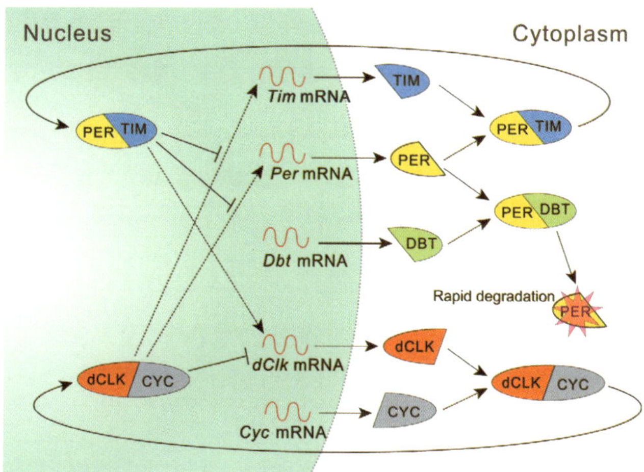

그림 5.45

초파리는 *Per*, *Tim*, *dClk*, *Cyc*, *Dbt*의 다섯 개 유전자가 circadian 리듬에 관여하고 있으며, 이는 각각 마우스의 *Per*, *Cyc*, *Rev-Erb*, *Clock*, *Bmal*에 해당한다.

초파리 단백질 PER와 TIM은 마우스 PER/CRY와 같이 PER/TIM 복합체를 형성한다. 단백질 TIM은 핵과 세포질에 모두 존재하지만, 단백질 PER은 세포질에서만 존재한다. 또한, 마우스의 PER/CRY와 같이 복합체 PER/TIM은 단백질 PER이나 TIM보다 안정적이다. 더불어, 세포질에서 형성된 복합체

PER/TIM가 핵 속으로 이동할 것으로 생각되고 있다.
유전자 *Cyc*와 *dClk*는 DNA와 결합하는 도메인을 가진 전사 인자를 생성한다. 이 두 유전자는 각각 마우스 유전자 *Clock*과 *Bmal*의 homolog이다. PER와 TIM과 유사하게 dCLK와 CYC는 dCLK/CYC 복합체를 형성한 뒤, 핵 속으로 이동한다. 마우스에서 CLOCK/BMAL 복합체가 유전자 *Per*, *Cry*, *Rev-Erb*의 전사를 촉진하는 것과 유사하게 초파리에서는 dCLK/CYC 복합체가 *Per*와 *Tim*의 전사를 촉진한다. 더욱이, *dClk*의 전사는 dCLK/CYC 복합체에 의해 억제되지만, PER/TIM 복합체에 의해 촉진된다. PER/TIM 복합체는 dCLK/CYC 복합체가 유전자 *Per*와 *Tim*의 전사를 촉진하는 것을 억제한다. PER와 TIM의 농도가 높을 때 dCLK와 CYC 농도가 낮다는 사실을 고려하여 PER와 TIM의 초기값을 10으로 하였다.
초파리 체내 시계 유전자 가운데 아직 설명되지 않은 유전자가 하나 더 있는데, *Dbt* (*doubling time*의 약어) 유전자이다. 실험을 통해 DBT 단백질에 대해 다음의 사실이 알려져 있다.

1) 단백질 DBT는 단백질 PER과 결합한다.
2) 단백질 DBT는 단백질 PER을 인산화한다.
3) 인산화된 PER 단백질은 불안정하게 되어 분해된다.
4) 단백질 DBT는 세포질에 위치한다.

유전자 *Dbt*를 모델에 첨가하면 단백질 PER의 분해를 촉진하고, 핵 속의 PER/TIM 농도를 감소시키는 결과를 가져온다. 따라서 핵 속의 PER/TIM이 유전자 *Per*와 *Tim*의 전사를 억제하므로 이 효과는 *Dbt*에 의해 약화될 수 있다. 결과적으로 모델에 *Dbt*를 첨가하는 것은 circadian 리듬의 주기를 한 사이클만큼 증가시킨다. 이상의 모델은 마우스의 모델과 비슷하며 그림 5.46에 나타나있다. 초파리 circadian 리듬에 관한 모델은 부록 CD-ROM에도 들어 있다.

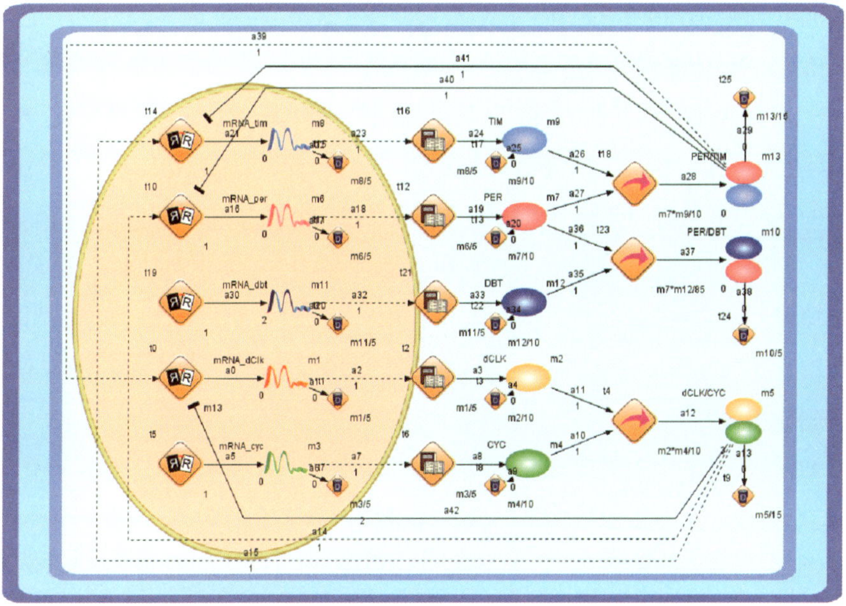

그림 5.46

유전자 *Dbts* (“s”는 short의 의미)와 유전자 *Dbtl* (“l”은 long의 의미)는 유전자 *Dbt*의 돌연변이를 나타낸다. *Dbts* 변이체는 wild type보다 행동 주기가 짧지만 *Dbtl* 변이체는 행동 주기가 wild type에 비해 길다. 또한, *Dbts*는 *Per* mRNA의 주기를 wild type에 비해 짧게 하지만, *Dbtl*은 *Per* mRNA의 주기를 더 길게 한다. 이는 두 단백질 DBT와 PER 사이의 결합 친화성 변화에 기인한 것으로 생각된다.

연습 5.3.20

그림 5.46의 모델에서 단백질 DBT와 PER 사이의 친화성을 변화시켜 봄으로써 이러한 변화가 circadian 리듬에 영향을 미칠 수 있음을 확인해 보라.

Cell Illustrator에서 생성한 모델을 살펴봄으로써 여러 가지 가설을 세울 수 있으며, 시뮬레이션을 통해 시각적으로 가설에 따른 결과를 예측해 볼 수 있다. 시뮬레이션을 통해 나타난 결과는 새로운 발견을 위한 다음 실험의 계획 및 설계로 이어질 수 있다.

Per 유전자의 변이체는 3종류가 있으며, (i) 변태 주기를 단축하는 *PerS*, (ii) 변태 주기를 연장하는 *PerL*, (iii) 변태 주기가 없는 *Per0*으로 구분할 수 있다.

연습 5.3.21

위에서 언급된 각각의 *Per* 변이체에 대한 가설을 세우고, 모델을 검증해 보라. 즉, 각 변이체가 wild type와 어떻게 다를지에 대한 가설을 세운 다음, 가설에 맞게 모델을 수정하고 시뮬레이션을 통해 가설을 기각할 것인지 수용할 것인지를 결정해 보라

이상에서 작성한 모델의 실행을 통해 체내 시계 유전자와 유전자 산물인 단백질이 어떻게 마우스와 초파리의 circadian 리듬을 제어하는지 살펴보았다. 또한, 모델 작성은 사실의 확인은 물론 새로운 가설의 제안에 많은 도움이 될 수 있음을 배웠다.

5.4 마무리

5장에서는 EGF에 의해 활성화되는 EGFR 신호 전달 경로 모델의 일부를 만들고 AG1478에 의한 억제 효과를 다루었다. EGFR과 관련된 전체 패스웨이 [14], 또 비슷한 방식으로 Fas 리간드에 의한 apoptosis에 대한 신호 전달 경로 [8], p53을 포함하는 패스웨이 [12, 13] 모델도 만들 수 있다.

대사 경로에 대한 모델의 예로서 해당 경로에 대한 모델을 만들었다. 해당 경로를 *lac* operon의 유전자 네트워크 [10]에 연결하는 것은 가능하다.

해당 속도는 해당 경로 가운데 비가역 반응에 관여하는 효소의 농도에 의해 주로 조절되며, 이들 효소의 활성은 ATP에 의해 억제되고 ADP에 의해 촉진된다. 또한, 이들 효소들은 인슐린에 의해 증가하는 반면 글루카곤에 의해 감소한다. 이러한 사실을 모델에 추가해 보는 것도 좋은 연습이 될 수 있다.

유전자 제어에 관해서는 5개의 유전자가 관련된 복잡한 feedback loop를 다루었다. 네트워크로 그려진 그림은 간단하지만, 시뮬레이션 없이 유전자의 행동을 이해하는 것은 대단히 어렵다 [16]. 다른 유전자 제어 모델로는 λ-파아지의 유전자 스위치 패스웨이 모델 [6, 7], miRNA에 의한 유전자 제어 모델 [15] 등이 있다.

관심 있는 독자들은 다음의 "Cell System Markup Language (CSML)" 홈페이지를 방문해 보기 바란다.

http://www.csml.org/

아주 복잡한 모델에 대해서는 해설이 함께 표시되어 있다. 더욱이, SBML 또는 CellML로 만들어진 모델들을 CSML로 변환하여 Cell Illustrator에서 실행할 수 있다. 이렇게 변환된 모델을 포함한 300여 개의 Cell Illustrator 모델은 위의 웹사이트로부터 내려받기가 가능하다. 또한, Cell Illustrator는 KEGG의 대사계 모델을 BRENDA 데이터베이스와 연결하여 자동으로 Cell Illustrator 모델로 만들 수 있는 BioPACS라 불리는 도구를 갖추고 있다. 만들어진 모델을 이용하여 실험 데이터나 새로운 사실을 바탕으로 모델을 수정 및 편집을 하면 처음부터 모델을 만드는 번거로움을 피할 수 있다.

마지막으로 Petri net의 개념에 기초를 둔 신호 전달 모델의 많은 예는 다음의 웹사이트로부터 얻을 수 있으며, Cell Illustrator에서 모델을 만들 때 참조할 수 있다.

http://genome.ib.sci.yamaguchi-u.ac.jp/~pnp/

제6장

시스템 생물학을 위한 계산 플랫폼

제4, 5장에서는 패스웨이를 모델링하고 시뮬레이션하는 체계적인 방법을 다루었다. 본 장에서는 먼저 대규모 유전자 네트워크를 시각화하고 분석하는 방법을 다룬 다음, 시스템 생물학의 연구와 개발에 요구되는 기능들에 대해서 논의하고자 한다.

6.1 효모의 유전자 네트워크

이제까지 세포 내 현상의 시스템적 이해를 위해 주로 생물학적 지식을 바탕으로 하여 모델을 작성하는 방법을 소개하였다. 패스웨이를 작성하는 다른 방법 중의 하나는 마이크로어레이를 통해 얻어지는 대규모 실험 데이터로부터 유전자 네트워크(gene network)를 계산하는 방법이 있다. 현재 마이크로어레이 기술은 수만 개의 유전자 발현을 동시에 측정할 수 있다.
비모수 회귀 분석(nonparametric regression)과 결합된 Bayesian network [17, 18]과 같은 통계적 계산 방법들은 시스템의 다양한 상태를 측정함으로써 유전자 네트워크 예측을 가능하게 한다. 이러한 방식으로 생성된 모델은 개략적이기는 하지만, 유전자의 상호 관계에 대한 전체적인 지도로서 역할을 할 수 있다. 특히 이런 유전자 네트워크 방법은 약물 표적 (drug target) 발굴에 중요한 전략으로서 기대되고 있다 [19-23].
본 절에서는 Cell Illustrator Standard판을 사용하여 유전자 네트워크 분석을 해 볼 것이다.
Cell Illustrator가 설치되면 효모 유전자 네트워크도 같이 설치된다 (CD-ROM에도 들어 있음). 이 효모 유전자 네트워크를 이용하여 Cell Illustrator에서 유전자 네트워크를 어떻게 분석하는지 설명하고자 한다.
효모 유전자를 하나씩 녹아웃 (knock-out)시킨 뒤, 마이크로어레이를 활용하여 유전자 발현 상태를 측정할 수 있다. 전사 인자와 같은 유전자의 발현을 강제적으로 억제하면 전사 인자에 의해 제어되는 유전자들의 발현에 변화를 일으키게 된다. 이러한 변화는 다른 유전자군의 발현에 연쇄적으로 변화를 일으키게 된다. 즉, 여기서 유전자 발현 데이터는 복잡하게 얽혀진 유전자 간의 관계를 반영한다.

이것은 비유적 표현을 빌리면 더욱 쉽게 설명될 수 있다. 효모는 약 6,000개의 유전자를 가지고 있다. 따라서 6,000명 (유전자)이 모여 사는 조그만 도시 (세포)를 생각해 보자. 도시 안에는 다양한 회사, 공장, 발전소, 도로, 정보 통신망 등이 있으며, 사람들은 도시에서 다양한 활동에 종사하며 살고 있다. 이 도시에 살고 있는 M이라는 사람은 G라는 회사를 경영하고 있었으며, 경영에 대한 결정은 역시 M에 의해 이루어지고 있었다. 어느 날 M이 갑자기 죽게 되었고, 그 회사에 근무하는 사람들은 회사를 제대로 경영할 수 없게 되어 결국 G 회사는 파산하게 되었다. 결과적으로 직업과 수입을 잃는 사람들이 생겼으며, 일부는 다른 회사에서 일자리를 구하게 되었다. 반면에 G 회사의 경쟁 회사인 H 회사는 높은 수익을 올리게 되었고, 보너스와 더 많은 사람을 고용하게 되었다. 도시에 사는 모든 사람의 통장 계좌를 살펴볼 수 있다면 (마이크로어레이에서 모든 유전자의 발현 수준을 측정하는 것), 한 사람이 죽음으로서 (한 유전자의 녹아웃) 누가 이익을 얻고 누가 손해를 입었는지를 알 수 있다 (마이크로어레이 분석). 도시를 원상태로 복원시키고 (죽은 사람을 다시 원 상태로 돌려놓음), 또 다른 사람이 죽게 되었을 때 통장 계좌의 변화를 측정함으로써 각 유전자를 녹아웃 시켜 얻은 효모 마이크로어레이와 같은 형태의 데이터를 얻을 수 있다. 물론 실험은 비유처럼 가혹하지는 않다. 때때로 실험은 "에어컨이 더 잘 팔리는지 알아보기 위해 기온을 올리는 것"과 같이 단순히 충격을 가하는 것이다. 즉, 이것은 "사회 구성원 가운데 한 사람이 죽는 것" 혹은 "도시의 기온이 올라가는 것"과 같은 자극이 모든 사람에게 어떤 결과 (은행 잔고)를 가져오는지 보는 것과 비슷하다.

CR-ROM에 포함된 효모의 네트워크는 수백 개 유전자들의 녹아웃과 약물 반응에 대한 마이크로어레이 데이터를 바탕으로 추론된 것이다 [19, 20]. 슈퍼 컴퓨터 시스템을 사용하여 1,000개 이상으로 구성된 유전자 네트워크를 계산할 수 있다 (그림 6.1). 이들 유전자 가운데 30개를 선택하여 유전자 상호 간의 제어 관계를 살펴보기로 한다.

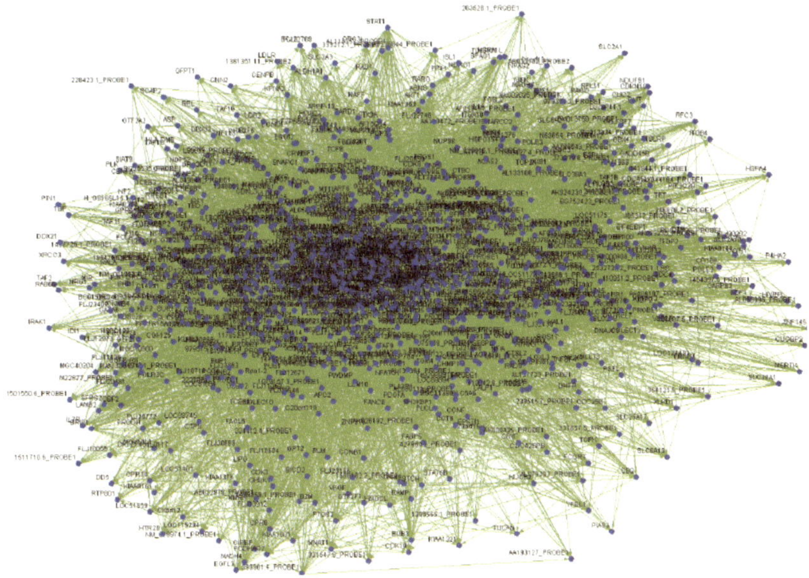

그림 6.1

6.2 유전자 네트워크 해석 방법

유전자 네트워크 해석을 위해 필요한 Cell Illustrator 기능에 대해 알아보기로 하자.

6.2.1 유전자 네트워크의 표시

Cell Illustrator에서는 상세 네트워크 모드 (detailed network mode)와 유전자 네트워크 모드 (gene network mode)의 두 가지 모드가 있다. 제4장과 제5장에서는 상세 네트워크 모드에서 편집을 수행하였다. 유전자 네트워크를 분석하기 위해서는 Cell Illustrator를 **유전자 네트 모드** (Gene Net Mode)로 변환해야 한다.

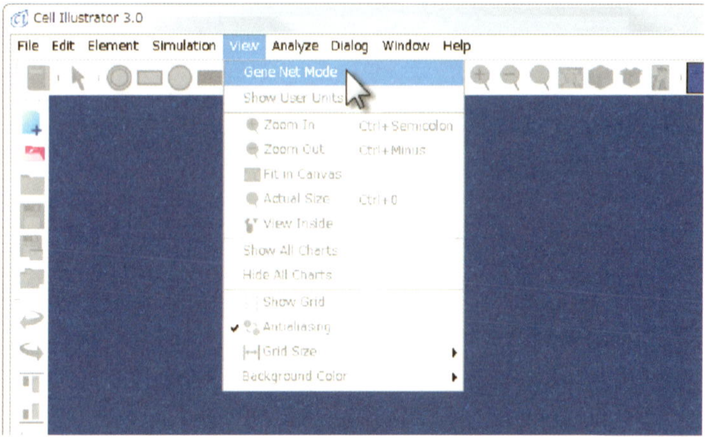

그림 6.2

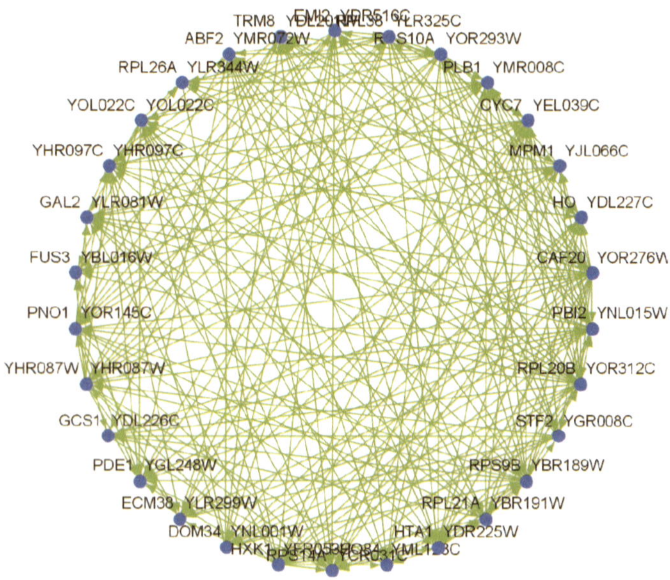

그림 6.3

그림 6.2에서 보이는 것과 같이 메뉴바에서 [View] → [Gene Net Mode]를 선택한 다음, [File] → [Open]을 통해 효모 유전자 네트워크 (CD-ROM의 Models\Chapter6\Yeast30repress.xml)를 불러들인다 (그림 6.3).

6.2.2 유전자 네트워크 배치

그림 6.3은 유전자 네트워크를 환상 배치를 통해 나타내고 있는데, 제어 관계를 파악하기가 어렵다. 따라서 적절한 배치로 바꿔보자.

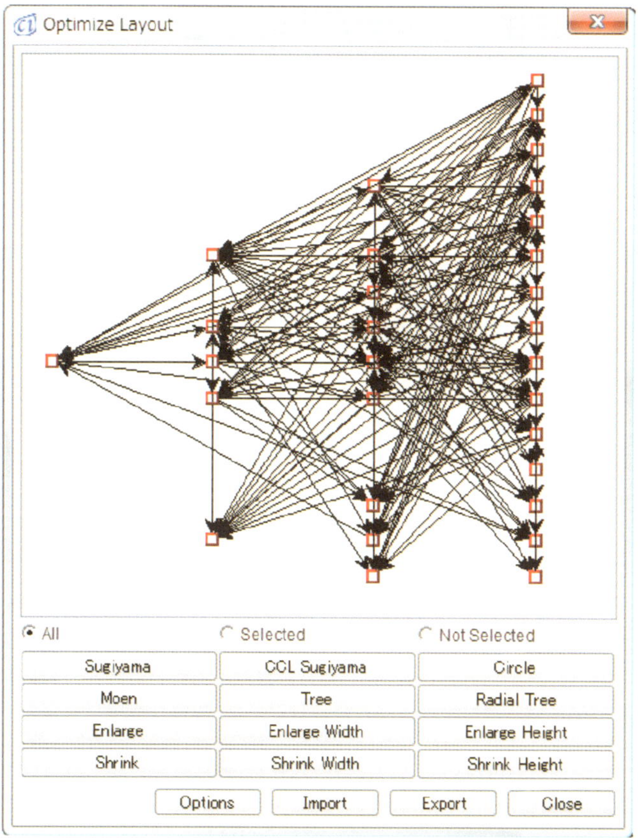

그림 6.4

우측 툴바의 를 클릭하여, **Optimize Layout Dialog** 창을 연다. "Import" 버튼을 사용하여 현재 패스웨이를 대화 상자 창으로 불러들인다. 여기서 "CCL Sugiyama" 버튼을 선택하고 "Export" 버튼을 클릭해 보자 (그림 6.4) (배치의 실행 결과는 매번 달라지기 때문에 그림 6.4와 완전히 일치하지 않을 수 있다). 요소 사이의 간격을 증가시키기 위해 "Enlarge" 버튼을 누르고, "Export" 버튼을 누르면 배치 창에서의 배치 결과가 캔버스에 적용된다 (그림 6.5).

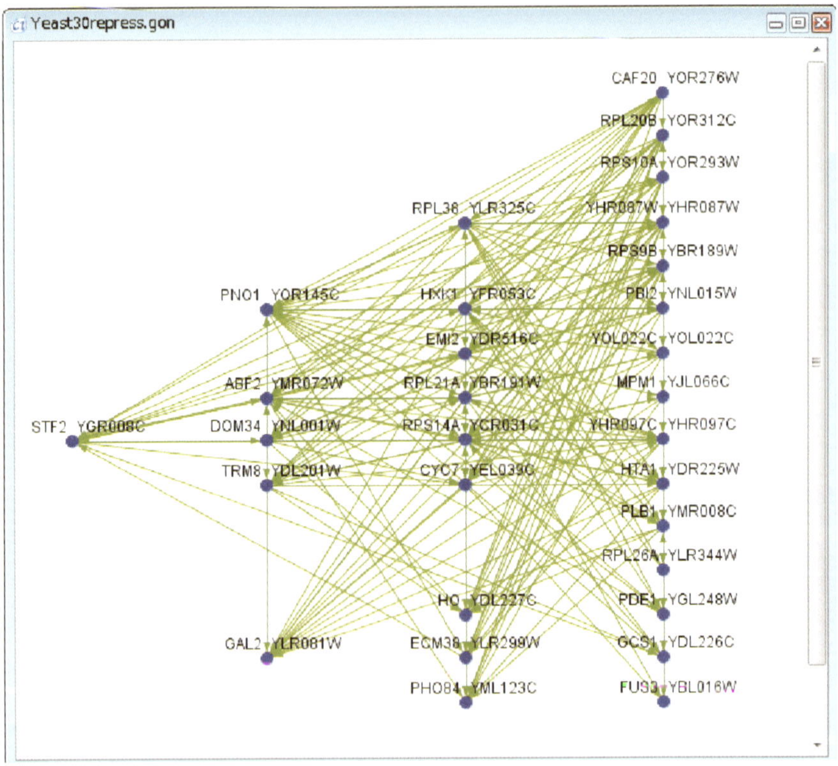

그림 6.5

6.2.3 패스웨이 검색 기능

그림 6.5에서는 배치를 통해 어느 정도 패스웨이에 대한 정보를 볼 수 있지만, 화살표가 너무 많아 유전자 간의 제어 관계를 시각적으로 인지하기가 어렵다. 그러므로 특정 서브네트워크 (subnetwork)를 검색하고 분리하는 것은 직관적인 이해에 많은 도움이 된다.

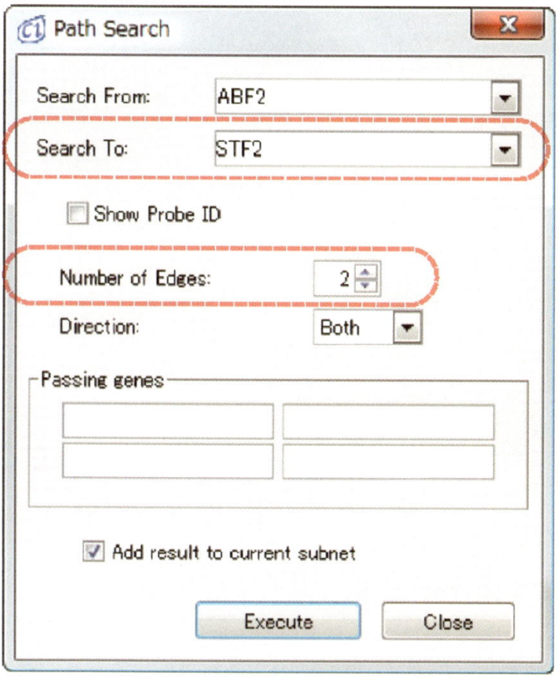

그림 6.6

우측 툴바의 를 클릭해서 **패스 검색** (Path Search) 대화 상자 Dialog 창을 열고, 그림 6.6과 같이 파라미터를 입력하고 나서 "Execute" 버튼을 누른다. 이것은 ABF2와 STF2 사이에 존재하는 2개 이내의 edge로 연결된 모든 방향의 패스를 검색한다. **패스웨이 검색 결과** (Pathway Search

Results) 대화 상자는 조건에 해당하는 6개의 서브네트워크를 보여준다(그림 6.7). 패스웨이 검색 결과 창에서 각 행을 선택할 때마다 그림 6.8 과같이 선택된 서브네트워크는 빨간색으로 표시된다. Shift와 Ctrl key를 사용하여 복수의 행을 선택하면 결합된 서브네트워크가 표시된다.

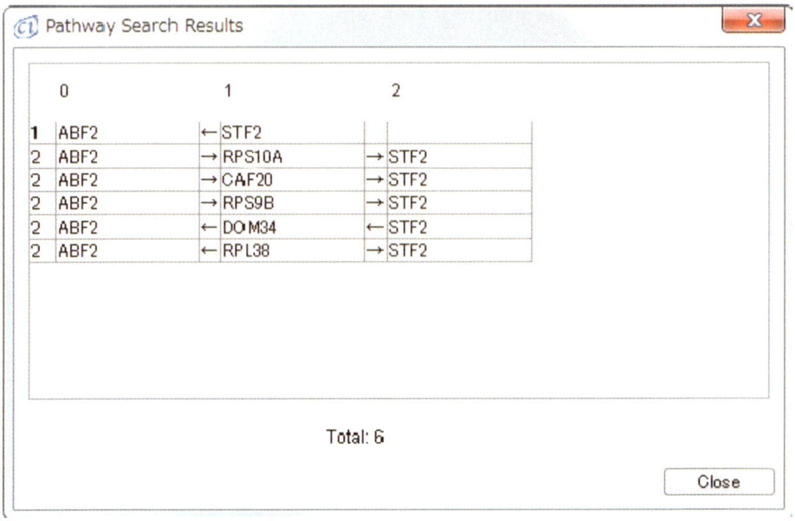
Pathway Search Results

	0		1		2
1	ABF2	←	STF2		
2	ABF2	→	RPS10A	→	STF2
2	ABF2	→	CAF20	→	STF2
2	ABF2	→	RPS9B	→	STF2
2	ABF2	←	DOM34	←	STF2
2	ABF2	←	RPL38	→	STF2

그림 6.7

6.2.4 서브네트워크의 추출 기능

6.2.3절에서 검색된 서브네트워크만을 추출하여 새로운 캔버스에서 보는 것이 가능하다. 메뉴바에서 [Analyze] → [Extract Subnet]을 선택하면 그림 6.9에서와 같이 선택된 서브네트워크가 캔버스 위에 나타나게 된다. 이 네트워크를 저장해 둠으로써 관심 있는 서브네트워크를 언제나 재이용할 수 있다. 추출된 서브네트워크를 메뉴바의 [File] → [Save As]를 이용하여 Extract1.xml로 저장해 두고, 이 서브네트워크를 P1이라고 부르자.

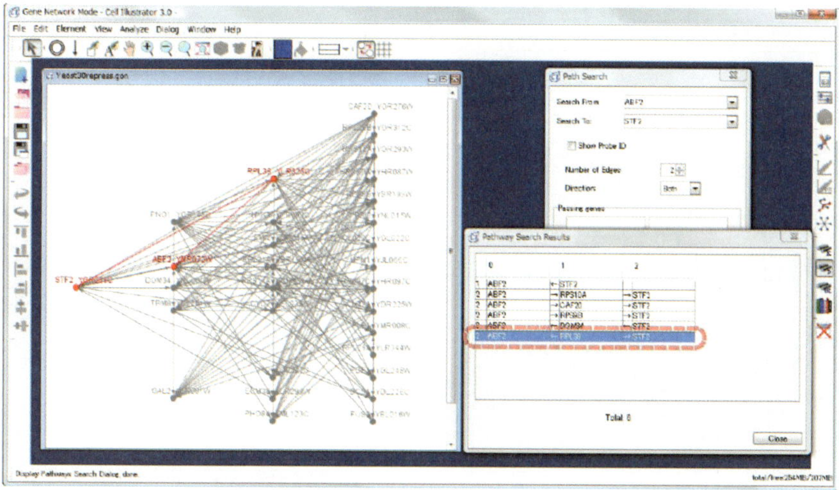

그림 6.8

6.2.5 두 개의 서브네트워크 비교

다양한 조건을 적용하여 추출한 서브네트워크를 비교함으로써, 어떤 유전자들이 공통으로 제어되는지 아닌지를 파악할 수 있다. 예를 들면, EGF 자극 전후의 네트워크를 비교함으로써 EGF에 특이한 제어 메커니즘을 분리해 낼 수 있다.

여기서는 6.2.4절에서 작성된 ABF2와 STF2 간의 양방향 제어를 포함하는 서브네트워크 P1과 STF2에서 ABF2로의 제어만을 포함하는 서브네트워크 P2를 4가지 방법 (표 6.1)을 사용하여 비교해 보자.

먼저, 6.2.4절에서 검색된 서브네트워크는 여전히 빨간색으로 선택되어 있으므로, 메뉴바의 [Analyze] → [Clear Subnet]을 사용하여 선택을 해제하고, 그림 6.6에 나타난 파라미터를 사용하되 검색 옵션의 Direction에서 Reverse를 선택하여 서브네트워크 P2를 추출한다 (그림 6.10). 이 옵션의 변화는 STF2에서 ABF2로 향하는 서브네트워크를 추출한다. 이 서브네트워크를 Extract2.xml로 저장한다.

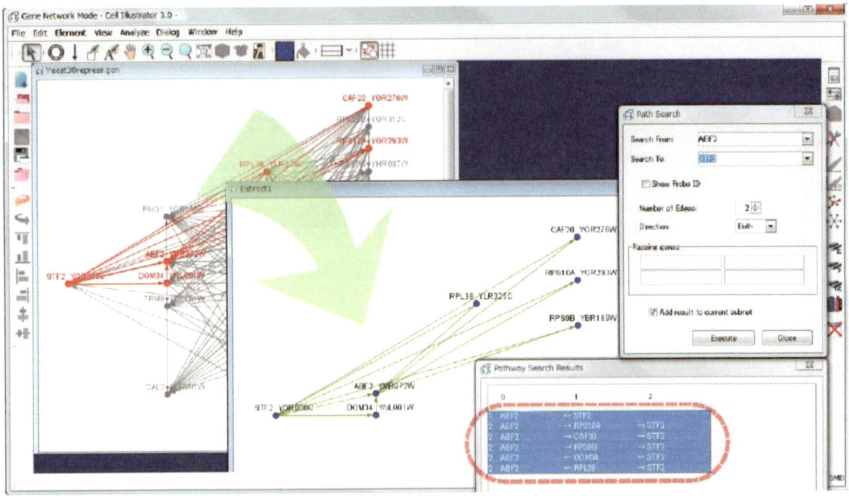

그림 6.9

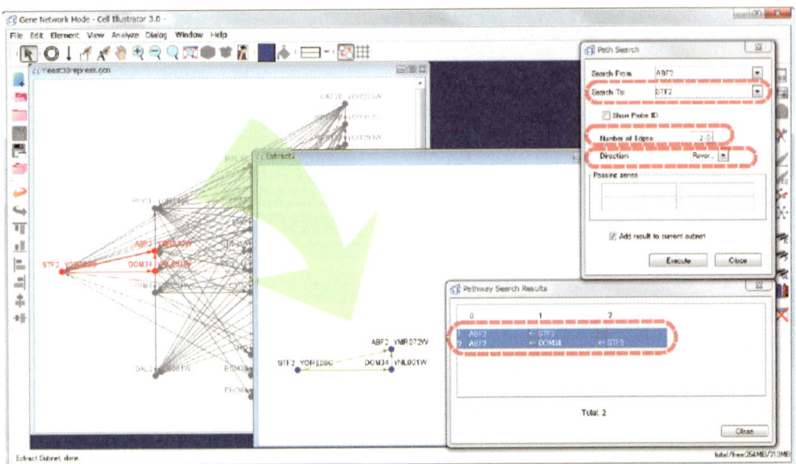

그림 6.10

이제 비교할 두 개의 서브네트워크가 준비되었으므로, 우측 툴바의 를 사용하여 모든 파일을 닫도록 한다. 그런 다음, 메뉴바의 [File] → [Open]

을 사용하여 두 서브네트워크 P1과 P2를 불러들인다. 최종적으로 메뉴바의 [Analyze] → [Compare]를 선택하면 6개의 캔버스가 그림 6.11과 같이 표시된다. 6개의 캔버스는 각각 표 6.1에서 설명한 4가지 네트워크의 비교 결과와 비교에 사용된 본래의 네트워크 P1 (왼쪽 아래)과 P2 (오른쪽 아래)를 나타낸다.

표 6.1

번호	비교 방법	설명
1	P1＼P2	서브네트워크 P1에서 서브네트워크 P2를 제거한 네트워크 (그림 6.11의 왼쪽 위쪽). 위의 예에서 이것은 P1에서 P2의 STF2에서 ABF2로 향하는 모든 경로를 제거한 것이다.
2	P2＼P1	서브네트워크 P2에서 서브네트워크 P1을 제거한 네트워크 (그림 6.11의 오른쪽 위쪽). 위의 예에서 이것은 P2에서 P1에 속하는 ABF2에서 STF2로 향하는 모든 경로를 제거한 것이다. 따라서 공집합이 된다.
3	P1∩P2	서브네트워크 P1과 서브네트워크 P2에서 공통으로 존재하는 네트워크 (그림 6.11의 왼쪽 중간). 위의 예에서 P2에 속하는 ABF2에서 STF2로 향하는 모든 경로는 역시 P1에도 속하므로 결과는 P2이다.
4	P1∪P2	서브네트워크 P1과 서브네트워크 P2를 합친 네트워크 (그림 6.11의 오른쪽 중간). 위의 예에서 P2의 모든 경로는 역시 P1에도 속하므로 결과는 P1이다.

이러한 비교는 공통 또는 특이한 패스웨이를 빠르게 구별할 수 있게 해준다. 본 절에서는 Cell Illustrator를 활용하여 기본적 유전자 네트워크 분석 방법에 대해 설명하였다. 본 절에서 언급된 분석 방법은 제4, 5장에서 사용

된 상세 네트워크 모델에서도 사용할 수 있다. 유전자 네트워크 해석 기술은 계속 발전하고 있으며, Cell Illustrator와 같은 분석 소프트웨어는 더욱 포괄적인 기능들을 포함하게 될 것이다.

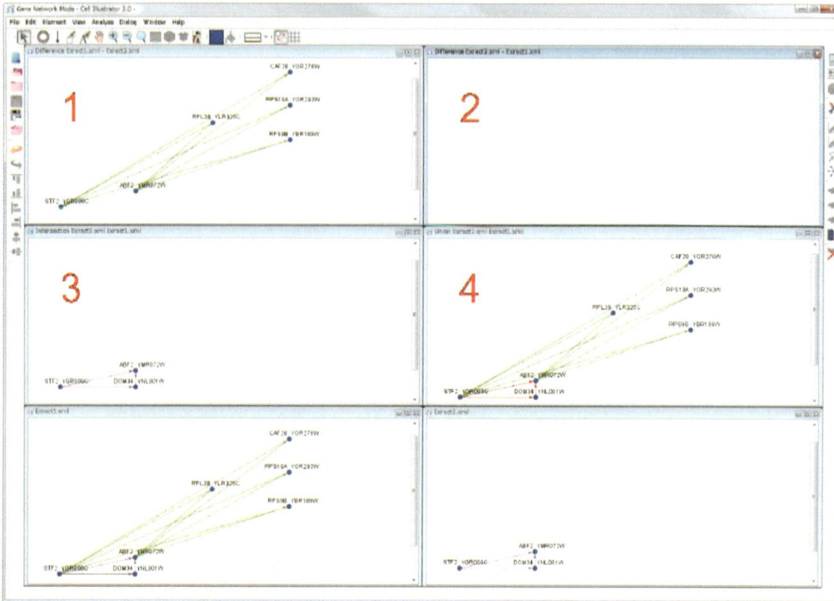

그림 6.11

6.3 시스템 생물학을 위한 Cell Illustrator의 특별한 기능들

본 절에서는 시스템 생물학의 연구와 발전을 가속화 시킬 수 있는 특별한 성능에 대해 다루고자 한다. 이를 위해, Cell Illustrator Online 4.0 (CIO4.0)을 소개하고자 한다. 이는 Cell Illustrator 3.0의 후속 버전으로 보다 새로운 기능들이 많이 추가되고, 개선되어 시스템 생물학의 다양한 요구를 충족하도록 하였다. 특히, CIO4.0은 Java Web Start 기술을 사용하여 인터넷을 통해 프로그램을 구동할 수 있게 함으로써 수시로 갱신 할 필요 없이 항상 최신 기능들을 사용할 수 있게 하였다. 다음의 웹사이트를 통해 CIO4.0을 시작할 수 있다.

http://cionline.bioillustrator.com/

http://cionline.hgc.jp/

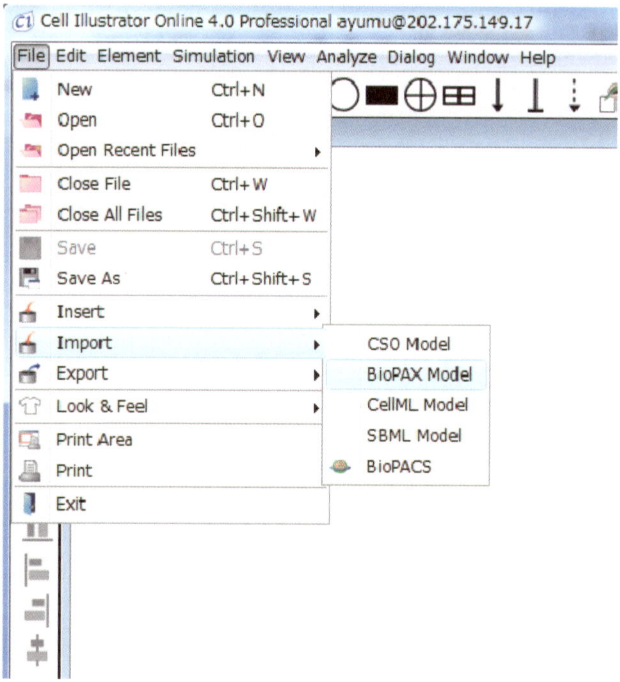

그림 6.12

6.3.1 패스웨이 기술 언어: CSML3.0과 CSO

제2장에서 살펴본 바와 같이 다양한 패스웨이 데이터베이스는 각각의 XML 형식에 따라 만들어진다. 따라서 각각의 패스웨이 데이터베이스로부터 생물학적 의미를 유지하면서도 정보의 손실 없이 데이터를 읽어들일 수 있

는 강력한 XML을 개발하는 것은 대단히 중요하다. CSML3.0은 패스웨이 모델링과 시뮬레이션을 위해 최적화되었기 때문에 Cell System Ontology (CSO) 형식과 완전한 호환성을 가진다 (2.3.6절). CIO4.0은 CSML3.0을 전적으로 지원하는 반면에 CI3.0은 CSML1.9를 지원한다. CSML3.0뿐만 아니라 SBML (2.3.4절)과 CellML (2.3.3절) 같은 XML 형식도 CIO4.0으로 불러들일 수 있으며, 온톨로지 형식인 BioPAX (2.3.5절)도 CIO4.0으로 불러들일 수 있다 (그림 6.12).

6.3.2 SaaS 기술

시스템 생물학의 연구 및 개발 과정에서 다양한 형태의 분석이 요구되고 있다. 이들 중에는 6.3.3절에 언급할 최적 파라미터 검색이나, 대량 데이터베이스 혹은 특정 연구 주제에 대한 특수한 분석을 위해 거대한 슈퍼컴퓨터를 요구하는 것도 있다. 하나의 소프트웨어가 모든 분석을 다룰 수 없는 경우가 많을 것이며, 사용자의 요구에 맞게 소프트웨어를 설계하는 것은 막대한 비용이 들거나 아예 불가능할 수도 있다. 따라서 시스템 생물학의 분석 플랫폼은 서비스로서의 소프트웨어 (SaaS: Software as a Service) 기술이 필요하다.

SaaS는 고가의 초기 비용 없이 저비용 방식으로 똑같은 장점을 얻기 위한 소프트웨어의 새로운 서비스 방식이다.

CIO4.0은 SaaS 기술을 도입하였으며, 각 모듈은 6.3절에서 소개된 서버를 통해서 서비스된다. 사용자의 요구에 따라 각각의 모듈을 선택할 수 있다. 다음의 8가지 모듈이 베타 버전에 포함되어 있으며, 2008년 3월부터 서버에 탑재되어 서비스되고 있다.

1) TRANSPATH 검색 모듈
2) Project 관리 모듈

3) TRANSPATH 패스웨이 라이브러리 모듈
4) 고성능 시뮬레이션 모듈
5) 패스웨이 모델을 다양한 프로그램 언어로 변환시키는 모듈 (Java, Fortran, C++, C, Perl, Python 지원)
6) 패스웨이 파라미터 검색 모듈
7) CSML을 SVG로 변환시키는 모듈 (베타 버전)
8) CSML을 HTML로 변환시키는 모듈 (베타 버전)

6.3.3 패스웨이 파라미터 검색

동적 패스웨이 모델에 있어서 파라미터 추정의 문제는 시스템 생물학에서 중요한 과제 중의 하나이다. 시뮬레이션 모델과 관측 데이터를 체계적으로 융합시키는 **데이터 동화** (data assimilation)라는 기술을 이용하여 HFPNe 모델에서 파라미터를 자동으로 계산하는 시도도 이루어졌다 [14, 27]. 데이터 동화 방법은 Peta FLOPS의 계산 능력을 갖춘 고성능 컴퓨팅 시스템에 더욱 적합하다. 이러한 발전들은 시스템 생물학의 모델링 플랫폼의 모태로서 역할을 할 것이다.

데이터 동화 기술은 기술적으로 확립된 분야라기보다는 아직 연구 단계에 있는 기술이지만 소규모의 파라미터 검색을 위해 CIO4.0의 패스웨이 파라미터 검색 모듈 (Pathway Parameter Search Module)에 포함되어 있다. 이 검색 모듈을 사용하면 초기 농도를 다양하게 설정한 시뮬레이션 결과를 한 번의 실행으로 얻을 수 있으며, 2차원 혹은 3차원 그래프로 그 결과를 볼 수 있다. 이러한 방법은 관측된 데이터에 적합하도록 모델을 정교하게 조정할 수 있게 한다. 그림 6.13은 패스웨이 검색 모듈을 사용하여 파라미터를 추정하는 과정 중의 한 부분을 나타내며, 파라미터의 변화에 따라 시스템이 어떻게 달라지는지를 보여준다.

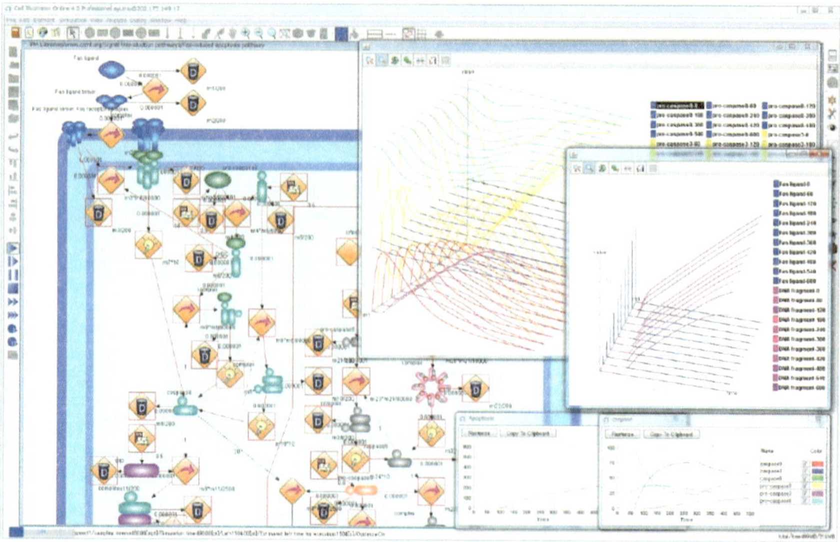

그림 6.13

표 6.2

패스웨이 모델	Cell Illustrator 본래 엔진	CIO4.0에 탑재된 고성능 엔진
Circadian rhythm in *Mus musculus* (20000[pt])	37초	4초
Fas-induced apoptosis pathway (20000[pt])	66초	5초
p53 CDK-dependent phosphorylation pathway (1000[pt])	17초	5초
p53 ARF-dependent stabilization pathway (1000[pt])	3 초	1초 미만
Glycolytic pathway and *lac* operon of *E. coli* (10000[pt])	76초	5초

@Intel Core 2 (3.0G Hz)

6.3.4 고속 시뮬레이션

복잡한 파라미터 검색은 빠른 시뮬레이션을 요구한다. Cell Illustrator 3.0의 시뮬레이션 엔진은 스크립트에 기반을 두고 있지만, CIO4.0은 본래의 엔진보다 10배에서 100배 빠른 고성능 시뮬레이션 모듈을 탑재하고 있다. 표 6.2는 그 차이를 보여주고 있다. 비교에 사용된 패스웨이 모델은 http://www.csml.org/에서 내려받기가 가능하다.

6.3.5 패스웨이 모델을 프로그램 언어로 변환

CSML로 기술된 모델이 다른 소프트웨어에서도 사용될 수 있다면 모델의 가치는 한층 더 향상될 것이다. 이를 위해서 CIO4.0은 패스웨이 모델을 다양한 프로그램 언어의 형식으로 변환하는 모듈을 탑재하고 있다. 이 모듈을 통해 CIO4.0에서 구축된 모델을 Java, Fortran, C++, C, Perl, Python의 형식으로 변환할 수 있다 (그림 6.14, 2008년 3월부터 모듈 탑재됨). 따라서 이 모듈을 사용한다면 사용자는 자신들의 프로그램과 CIO에서 개발한 모델을 효율적으로 통합시킬 수 있을 것이다.

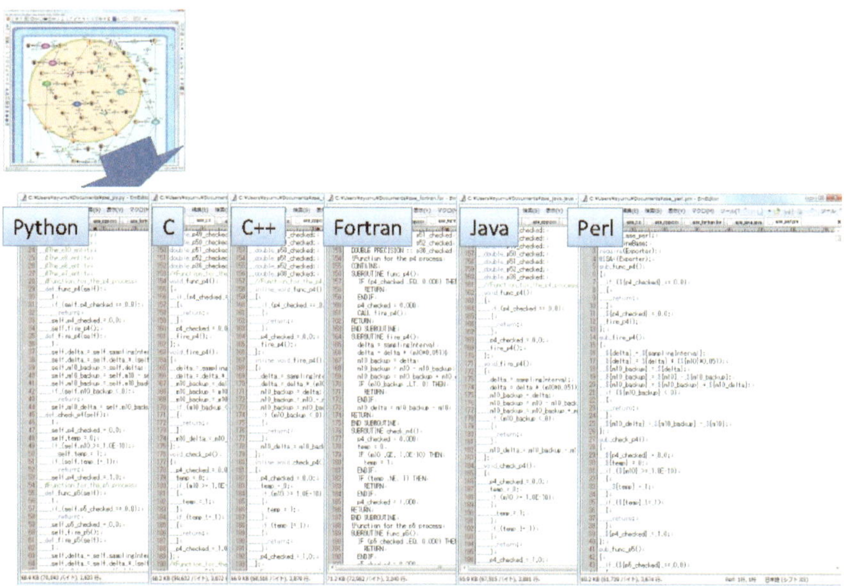

그림 6.14

6.3.6 패스웨이 배치 알고리듬

패스웨이의 배치는 패스웨이를 효과적으로 이해하는데 중요하다. CI3.0에는 14가지의 기본 배치 알고리듬이 있으며, CIO4.0에는 CI3.0보다 7개의 배치 알고리듬이 더 추가 되었다. 특히 생물학적 패스웨이를 위해 특별히 고안된 배치 알고리듬과 세 개의 그리드 배치 알고리듬 (BLK, CB, SCCB)이 포함되었다. 그림 6.15는 배치의 예를 나타낸다. 이러한 배치 알고리듬은 Cell System Ontology (CSO)로 표현된 생물학적 지식을 이용하여 생물학적 엔티티와 프로세스를 세포 내에 적절히 배치시킨다.

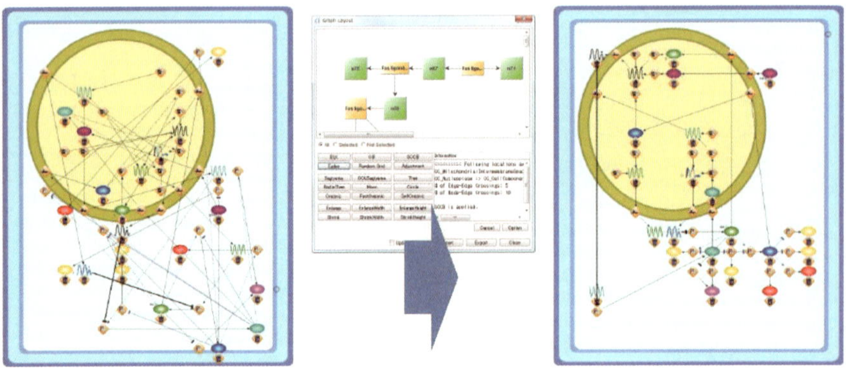

그림 6.15

6.3.7 패스웨이 데이터베이스 관리 시스템

그래픽 인터페이스 (GUI)를 가진 데이터베이스 관리 시스템 (DBMS)은 필수적인 기능 중의 하나다. CIO4.0은 CSML에 대한 DBMS를 가지고 있으며, 이는 TRANSPATH 검색 모듈과 같은 GUI를 통해 다양한 검색을 가능하게 한다. 2008년 3월부터 TRANSPATH는 CIO4.0에서 지원된다 [26]. 이는 TRANSPATH 데이터베이스의 검색 결과를 CIO4.0을 통해 볼 수 있도록 TRANSPATH의 모든 패스웨이 정보가 CSML 형식으로 변환되었음을 의미한다 (그림 6.16). 더욱이, "TRANSPATH 패스웨이 라이브러리 모듈"을 통해 1,000개 이상의 잘 정립된 (신호 전달 경로, 유전자 제어 네트워크와 관련된) 패스웨이를 CIO4.0으로 불러들여 편집, 저장 및 시뮬레이션을 수행할 수 있다 (그림 6.17).

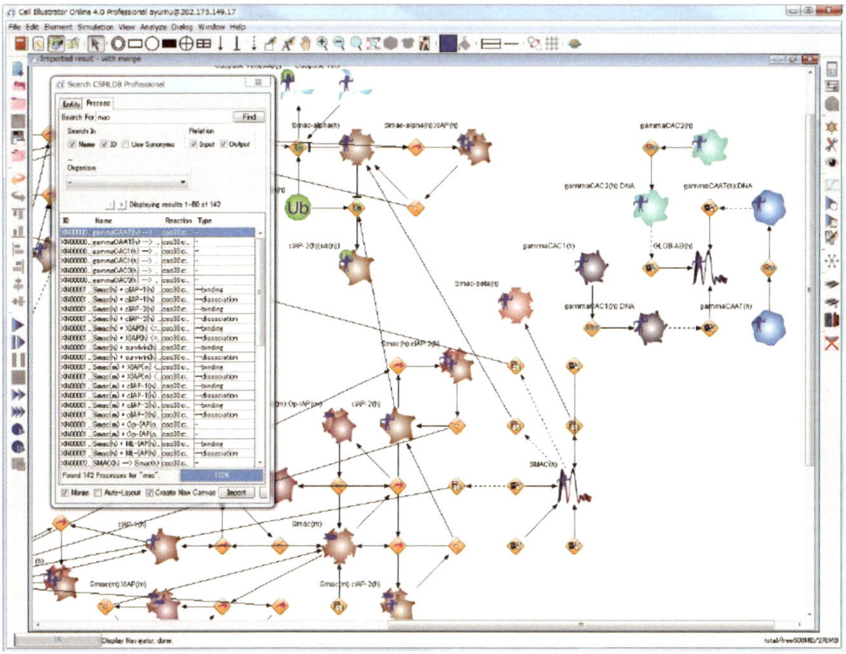

그림 6.16

"프로젝트 관리 모듈 (Project Management Module)" 또한 유용한 환경을 제공한다. 즉, 서버 상의 프로젝트는 다른 사용자들과 공유될 수 있고, http://www.csml.org/에 공개된 패스웨이 모델은 프로젝트 관리 모듈의 GUI를 통해 쉽게 접근할 수 있다 (그림 6.18).

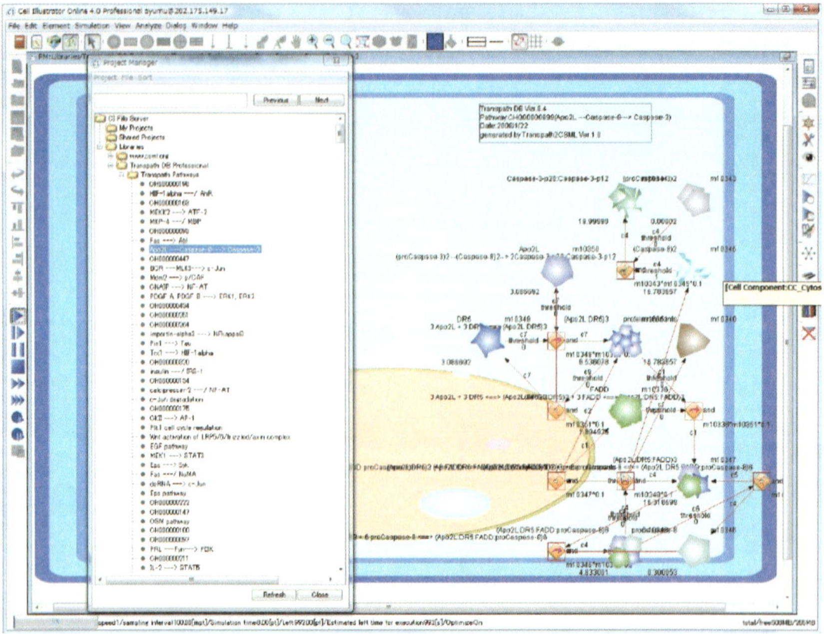

그림 6.17

6.3.8 효과적인 시각화: 아이콘의 자동 생성

생물학적 의미를 직관적으로 전달할 수 있는 아이콘은 실제에 있어서 매우 유용하다. CI3.0는 약 350개의 아이콘을 제공한다. 하지만, TRANSPATH와 같은 데이터베이스의 패스웨이를 나타내기 위해서는 생물학적으로 직관적이면서도 고유한 모양의 아이콘이 10만개 이상 필요하다. 따라서 생물학적 객체에 부여된 생물학적 의미를 반영할 수 있는 아이콘을 자동으로 생성할 수 있는 기능이 필요하다. CIO4.0는 기본으로 제공되는 아이콘 (프로세스 92; 엔티티 275; 세포 구성 요소 114) 외에도 TRANSPATH의 모든 패스웨이를 충분히 나타낼 수 있도록 자동으로 아이콘을 생성하는 기능을 갖추고 있다. 그림 6.19는 기본적으로 제공되는 아이콘 (위쪽)과 TRANSPATH를 위해 자동으로 생성된 아이콘 (아래쪽)을 보여준다.

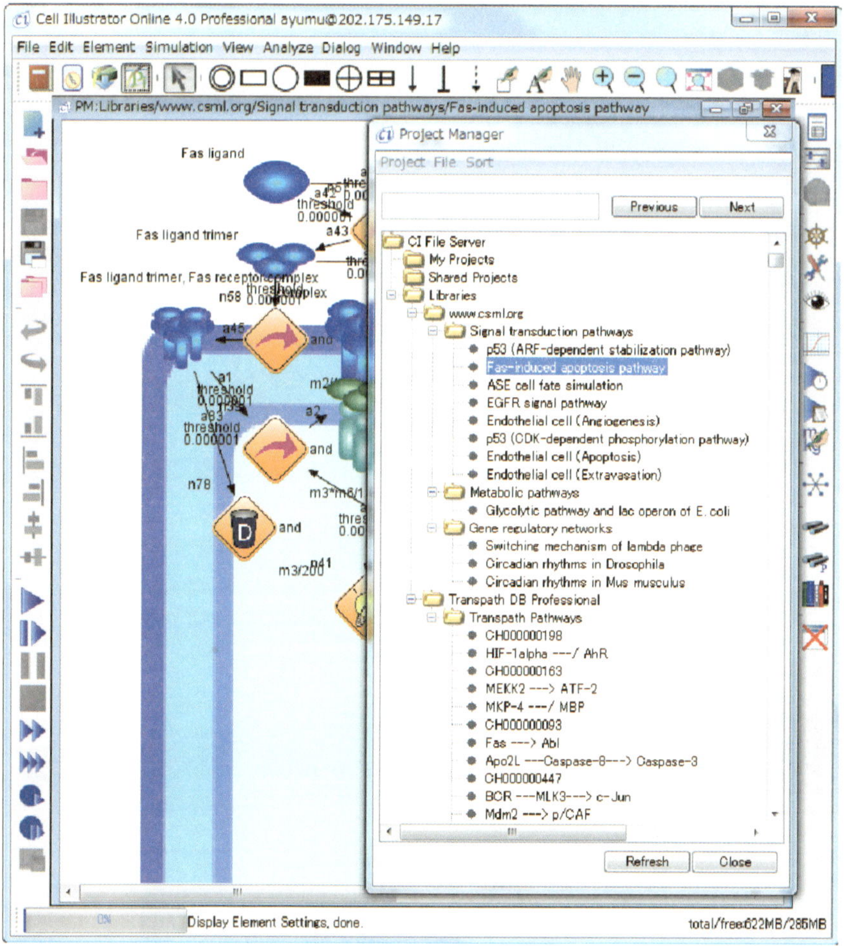
Cell Illustrator Online 4.0 Professional ayumu@202.175.149.17
File Edit Element Simulation View Analyze Dialog Window Help
PM:Libraries/www.csml.org/Signal transduction pathways/Fas-induced apoptosis pathway
Fas ligand
Fas ligand trimer
Fas ligand trimer, Fas receptor complex
Project Manager
Project File Sort
Previous
Next
CI File Server
My Projects
Shared Projects
Libraries
www.csml.org
Signal transduction pathways
p53 (ARF-dependent stabilization pathway)
Fas-induced apoptosis pathway
ASE cell fate simulation
EGFR signal pathway
Endothelial cell (Angiogenesis)
p53 (CDK-dependent phosphorylation pathway)
Endothelial cell (Apoptosis)
Endothelial cell (Extravasation)
Metabolic pathways
Glycolytic pathway and lac operon of E. coli
Gene regulatory networks
Switching mechanism of lambda phage
Circadian rhythms in Drosophila
Circadian rhythms in Mus musculus
Transpath DB Professional
Transpath Pathways
CH000000198
HIF-1alpha ---/ AhR
CH000000163
MEKK2 ---> ATF-2
MKP-4 ---/ MBP
CH000000093
Fas ---> Abl
Apo2L ---Caspase-8---> Caspase-3
CH000000447
BCR ---MLK3---> c-Jun
Mdm2 ---> p/CAF
Refresh
Close
Display Element Settings, done.
total/free:622MB/285MB

그림 6.18

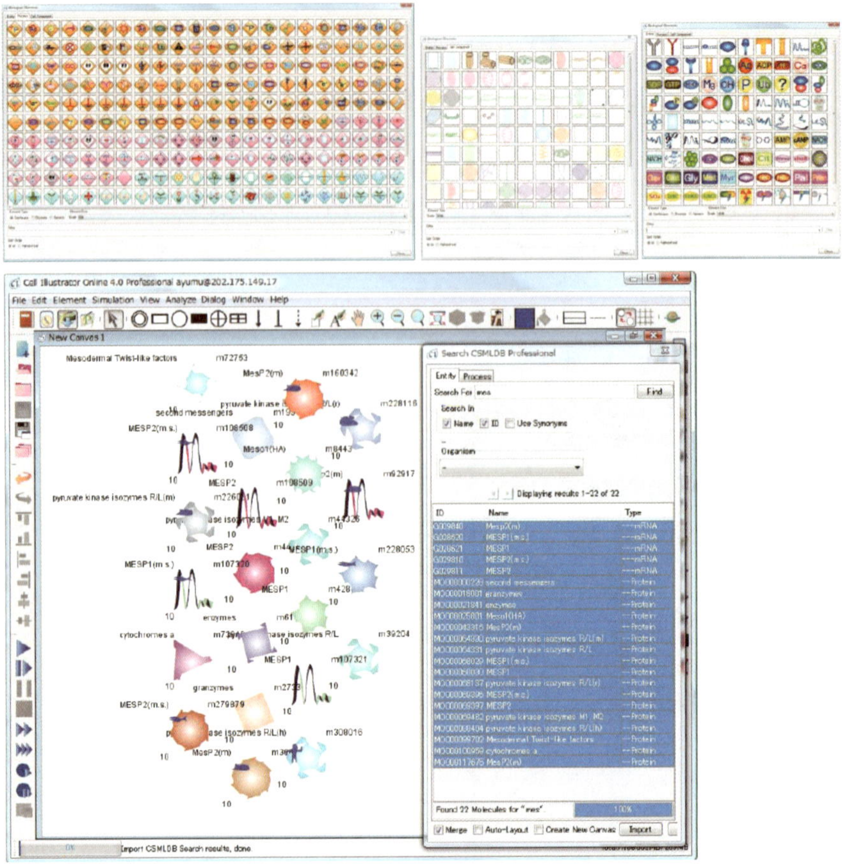
Cell Illustrator Online 4.0 Professional ayumu@202.175.149.17
File Edit Element Simulation View Analyze Dialog Window Help
New Canvas 1
Search CSMLDB Professional
Entity
Process
Search For
Find
Search in
Name
ID
Use Synonyms
Organism
Displaying results 1-22 of 22
ID
Name
Type
Found 22 Molecules for "mes"
Merge
Auto-Layout
Create New Canvas
Import
Import CSMLDB Search results, done.

그림 6.19

참고문헌 목록

제4장에서 도입된 Cell Illustrator의 개발은 '생물학 실험을 수행하는 사람이 어떠한 컴퓨터 기술도 없이 사용할 수 있는 시스템 생물학 소프트웨어를 만들자'라는 의도로 1999년 12월에 시작되었다. Cell Illustrator는 본래 *Genomic Object Net* (http://www.genomicobject.net/)라는 소프트웨어로 연구 개발이 시작되었다. 연구 성과로 2003년에 발표된 문헌 [1]에서는 Hybrid Functional Petri Net with extension (HFPNe)을 제안했으며, 문헌 [2]에서는 HFPNe를 바탕으로 패스웨이 모델을 구축하는 방법을 제안하였다.

[1] Nagasaki M, Doi, A, Matsuno H, Miyano S. Genomic Object Net: I. A platform for modeling and simulating biopathways. *Applied Bioinformatics*. 2:181–184, 2003.

[2] Doi A, Nagasaki M, Fujita S, Matsuno H, Miyano S. Genomic Object Net: II. Modeling biopathways by hybrid functional Petri net with extension. *Applied Bioinformatics*. 2:185–188, 2003.

현재 Cell Illustrator의 기초가 되는 HFPNe에 대한 상세한 기술은 문헌 [3]에 나와 있다. 또한, 문헌 [4]는 Cell Animator (Genomic Object Net Visualizer)과 같은 도구뿐만 아니라 5.4절에서 소개된 BioPACS 도구에 대해 상세히 기술하고 있다. 이후, 제2장에서 언급된 Cell System Markup Language 3.0과 Cell System Ontology 3.0이 개발되었으며, 이를 활용하여 제5장에서 취급한 것과 비슷한 패스웨이 모델들을 실제로 작성해 봄으로써 GUI와 기능 등을 보완하여 현재의 Cell Illustrator의 모양을 갖추게 되었다.

[3] Nagasaki M, Doi A, Matsuno H, Miyano S. A versatile Petri net based architecture for modeling and simulation of complex biological processes. *Genome Informatics*. 15 (1):180–197, 2005.
http://www.jsbi.org/modules/journal/index.php/IBSB04/IBSB04F020.pdf

[4] Nagasaki M, Doi A, Matsuno H, Miyano S. Computational modeling of biological processes with Petri net-based architecture. *Bioinformatics Technologies* (Yi-Ping Phoebe Chen, Ed.). Springer. pp. 179–242, 2005.

제4장에서는 Cell Illustrator가 "Petri net" 이론에 기초를 두고 있음을 기술하였다. 통상적인 Petri net 이론에서는 이 책에서 사용한 엔티티, 프로세스, 커넥터라는 용어 대신에 플레이스 (place), 트랜지션 (transition), 아크 (arc)라는 용어를 사용한다. Petri net 이론은 1962년 Carl Adam Petri의 박사 학위 논문에서 처음으로 제시된 이래 시스템 및 공학 분야의 소프트웨어 개발에 응용되고 있다. 하지만, 생명과학 분야에서의 응용은 이산 Petri net를 사용하여 대사 경로 모델링을 시도한 Reddy et al. [5]의 논문이 최초이다.

[5] Reddy VN, Mavrovouniotis ML, Liebman MN. Petri net representations

in metabolic pathways. *Proceedings of International Conference on Intelligent Systems for Molecular Biology*. AAAI Press. 1:328–336, 1993.

미분 방정식을 사용하여 초파리 circadian 리듬을 기술한 많은 논문이 있다. 이와 같은 경우, 각 이벤트는 모두 연속값을 가진다. 하지만 유전자 발현의 on-off와 같은 생명 시스템에서 이산값을 가지는 이벤트는 미분 방정식으로 다루기가 어렵다. 따라서 생명 시스템의 모델링을 위해서는 이산값을 가진 이벤트와 연속값을 가진 이벤트를 하나의 모델 안에서 취급할 수 있도록 하는 것이 효율적이다. 이러한 필요에 따라 고안된 것이 하이브리드 Petri net이며, λ-파아지 유전자 스위치 모델에 처음으로 적용되었다 (문헌 [6, 7]).

[6] Matsuno H, Doi A, Nagasaki M, Miyano S. Hybrid Petri net representation of gene regulatory network. *Pacific Symposium on Biocomputing*. 5:338–349, 2000.
http://psb.stanford.edu/psb-online/proceedings/psb00/matsuno.pdf

[7] Matsuno H, Drath R, Miyano S. Simulating gene networks with hybrid Petri net. *Advances in Systems Biology* (H. Kitano, Ed.). Springer. pp. 165–176, 2001 (in Japanese).

여기까지는 많은 Petri net 연구자들에 의해 제안된 하이브리드 Petri net을 그대로 적용한 것이다. 하지만, Petri net를 활용하여 패스웨이 모델링을 수행하면서 패스웨이에 대한 직관적인 이해가 어려움을 알게 되었다. 예를 들면, 기본적인 Petri net에서는 프로세스의 속도를 입력 엔티티의 함수로 정의할 수가 없다. 이러한 문제점을 해결하기 위해 하이브리드 함수 Petri net (Hybrid Functional Petri net)을 정의하였으며, 초파리 circadian

리듬과 *Fas* 유전자에 의해 유도되는 세포 사멸 (apoptosis) 모델 등에 적용하였다 (문헌 [8]).

[8] Matsuno H, Tanaka Y, Aoshima H, Doi A, Matsui M, Miyano S. Biopathways representation and simulation on hybrid functional Petri net. *In Silico Biology*. 3 (3):389–404, 2003.
http://www.bioinfo.de/isb/2003/03/0032/

HFPN은 패스웨이 모델을 위해 광범위하게 사용될 수 있으며, 다음은 HFPN을 사용한 모델과 관련된 문헌들이다.

[9] Matsuno H, Murakami R, Yamane R, Yamasaki N, Fujita S, Yoshimori H, Miyano S. Boundary formulation by notch signaling in Drosophila multicellular systems: experimental observations and gene network modeling by Genomic Object Net. *Pacific Symposium on Biocomputing*. 8:152–163, 2003 (Multicellular gene regulatory network in development).
http://psb.stanford.edu/psb-online/proceedings/psb03/matsuno.pdf

[10] Doi A, Fujita S, Matsuno H, Nagasaki M, Miyano S. Constructing biological pathway models with hybrid functional Petri nets. *In Silico Biology*. 4 (3):271–291, 2004 (Glycolysis with *lac* operon gene regulation).
http://www.bioinfo.de/isb/2004/04/0023/

[11] Matsui M, Fujita S, Suzuki S, Matsuno H, Miyano S. Simulated cell division processes of the Xenopus cell cycle pathway by Genomic Object Net. J. *Integrative Bioinformatics*. 0001, 2004 (Gene regulation of the cell cycle).
http://www.jsbi.org/journal/GIW03/GIW03P047.pdf

[12] Doi A, Nagasaki M, Matsuno H, Miyano S. Simulation-based validation of the p53 transcriptional activity with hybrid functional Petri net. *In Silico Biology*. 6 (1–2):1–13, 2006 (Model of p53 transcriptional activity)
http://www.bioinfo.de/isb/2006/06/0001/

[13] Doi A, Nagasaki M, Ueno K, Matsuno H, Miyano S. A combined pathway to simulate CDK-dependent phosphorylation and ARF-dependent stabilization for p53 transcriptional activity. *Genome Informatics*. **17** (1):112–123, 2006 (Model of p53 transcriptional activity).
http://www.jsbi.org/journal/IBSB06/IBSB06F007.pdf

[14] Tasaki S, Nagasaki M, Oyama M, Hata H, Ueno K, Yoshida R, Higuchi T, Sugano S, Miyano S. Modeling and estimation of dynamic EGFR pathway by data assimilation approach using time series proteomic data. *Genome Informatics*. **17** (2):226–238, 2006 (EGFR signaling pathways).

[15] Saito A, Nagasaki M, Doi A, Ueno K, Miyano S. Cell fate simulation model of gustatory neurons with microRNAs double-negative feedback loop by hybrid function Petri net with extension. *Genome Informatics*. **17** (1):100–111, 2006 (Cell fate determination by miRNA).
http://www.jsbi.org/journal/IBSB06/IBSB06F005.pdf

[16] Matsuno H, Inouye ST, Okitsu Y, Fujii Y, Miyano S. A new regulatory interaction suggested by simulations for circadian genetic model mechanism in mammals. *J. Bioinformatics and Computational Biology*. 4 (1):139–153, 2006 (Gene regulatory network of murine circadian rhythm).

하지만, HFPN 역시 DNA 혹은 단백질 서열이나 복잡한 데이터 구조를 직접 다룰 수 없다. 처음에 설명한 HFPNe는 객체 (object)를 도입함으로써 이러한 문제를 해결한다. 현재 Cell Illustrator에서 객체를 활용하기 위해서는 고급 프로그래밍 기술이 요구된다. HFPNe를 사용한 구체적인 모델은 문헌 [3, 4]에 나와 있다.

제6장에서는 효모의 유전자 네트워크를 살펴보았다. 마이크로어레이 데이터로부터 유전자 네트워크를 추론하는 문헌이 많이 발표되었다 (문헌 [17, 18]).

[17] Imoto S, Goto T, Miyano S. Estimation of genetic networks and functional structures between genes by using Bayesian networks and nonparametric regression. *Pacific Symposium on Biocomputing*. 7:175–186, 2002.
http://psb.standford.edu/psb-online/proceedings/psb02/imoto.pdf

[18] Imoto S, Higuchi T, Goto T, Tashiro K, Kuhara S, Miyano S. Combining microarrays and biological knowledge for estimating gene networks via Bayesian networks. *J. Bioinformatics and Computational Biology*. **2** (1):77–98, 2004.

6.1절에서는 유전자 네트워크를 시각적으로 표시하는 해석 방법에 대해 설명하였다. 이러한 기술은 유전자 네트워크 추정 기술과 아울러서 약물 표적 발굴에 활용되고 있다. 효모를 사용한 항균 목적 유전자 탐색 (문헌 [19, 20]), 대규모 인간 유전자 네트워크에서 고지혈증 약물에 대한 목표 유전자 탐색 (문헌 [21, 22]) 등이 있다. 더욱이, 문헌 [23]에서 소개된 drug discovery의 시스템적 접근 방법은 Cell Illustrator 내에서 유전자 네트워크 분석을 통하여 가능하다.

[19] Imoto S, Savoie CJ, Aburatani S, Kim S, Tashiro K, Kuhara S, Miyano S. Use of gene networks for identifying and validating

drug targets. *J. Bioinformatics and Computational Biology*. 1 (3): 459–474, 2003.

[20] Savoie CJ, Aburatani S, Watanabe S, Eguchi Y, Muta S, Imoto S, Miyano S, Kuhara S, Tashiro K. Use of gene networks from full genome microarray libraries to identify functionally relevant drug-affected genes and gene regulation cascades. *DNA Research*. 10 (1):19–25, 2003.

[21] Imoto S, Tamada Y, Araki H, Yasuda K, Print CG, Charnock-Jones SD, Sanders D, Savoie CJ, Tashiro K, Kuhara S, Miyano S. Computational strategy for discovering druggable gene networks from genome-wide RNA expression profiles. *Pacific Symposium on Biocomputing*. 11:559–571, 2006.
http://helix-web.stanford.edu/psb06/imoto.pdf

[22] Imoto S, Tamada Y, Savoie CJ, Miyano S. Analysis of gene networks for drug target discovery and validation. *Target Discovery and Validation*, Volume 1 (J. Walker and M. Sioud, Eds.). Human Press. pp.33–56, 2006.

[23] Miyano S, Savoie CJ. Applications of bioinformatics to drug discovery. *Experimental Medicine*. 20 (18):2632–2637, 2002 (in Japanese).

Cell System Markup Language (CSML)와 Cell System Ontology (CSO)는 Cell Illustrator의 기본을 이루고 있으며, 문헌 [24-26]에 자세히 기술되어 있다.

[24] Jeong E, Nagasaki M, Miyano S. Conversion from BioPAX to CSO for system dynamics and visualization of biological pathway. *Genome Informatics*. 18:225–236, 2007.

http://www.jsbi.org/journal/IBSB07/IBSB07022.pdf
[25] Jeong E, Nagasaki M, Saito A, Miyano S. Cell System Ontology: Representation for modeling, visualizing, and simulating biological pathways. *In Silico Biology*. 7:0055, 2007. http://www.bioinfo.de/isb/2007/07/0055/
[26] Nagasaki M, Saito A, Li C, Jeong E, Miyano S. Systemic reconstruction of TRANSPATH data into Cell System Markup Language. *BMC Systems Biology*. 2:53, 2008.

패스웨이에서 파라미터 검색에 대한 방법은 문헌 [14, 27]을 참조할 수 있다.

[27] Nagasaki M, Yamaguchi R, Yoshida R, Imoto S, Doi A, Tamada Y, Matsuno H, Miyano S, Higuchi T. Genomic data assimilation for estimating hybrid functional Petri net from time-course gene expression data. *Genome Informatics*. 17 (1):46–61, 2006. http://www.jsbi.org/journal/IBSB06/IBSB06F008.pdf

생물학적 지식을 이용하여 패스웨이 배치를 개선하는 알고리듬은 문헌 [28, 29]에 나와 있다.

[28] Kato M, Nagasaki M, Doi A, Miyano S. Automatic drawing of biological networks using cross cost and subcomponent data. *Genome Informatics*. 16 (2):22-31, 2005.
[29] Kojima K, Nagasaki M, Jeong E, Kato M, Miyano S. An efficient grid layout algorithm for biological networks utilizing various biological attributes. *BMC Bioinformatics*. 8:76, 2007. http://www.biomedcentral.com/1471-2105/8/76

찾아보기

A

B

C

D

E

F

G

H

I

J

K

L

M

N

O

P

R

S

T

역자 약력

도진환

서울 가톨릭의대 연구교수

한국과학기술원 생명화학공학과 박사

"IBC (International Biographical Center) Top 100 Scientists 2010"에 선정

"ABI (American Biographic Institute) 2010 Universal Award of Accomplishment" 수상

정은아

동경대학교 휴먼게놈센터 연구원

대만대학교 컴퓨터공학 박사

Cell Illustrator와 패스웨이 데이터 베이스를 통해 배우는

시스템 생물학의 기초

A-JIN

지은이와 협의 인지 생략

인　　쇄 : 2010년 11월 15일

발　　행 : 2010년 11월 20일

역　　자 : 도 진 환 · 정 은 아

발 행 처 : 도서출판 아진

135-010

서울시 강남구 논현동 148-19 한미빌딩 201호

TEL:02-737-0663 FAX:02-737-0664

Homepage:ajin.to

E-mail:kgb@ajin.to

발 행 인 : 김 근 배

등록번호 : 제300-1995-56호

ISBN : 978-89-5761-309-2 93470

가격 20,000원